国家示范性高等职业院校重点建设专业教材(自动化类)

卓越系列·21世纪高职高专精品规划教材

模块化生产加工系统应用教程(第2版)

主编 何 瑞

天津大学出版社
TIANJIN UNIVERSITY PRESS

图书在版编目（CIP）数据

模块化生产加工系统应用教程/何瑞主编.—天津：天津
大学出版社，2008，8 （2023.1重印）
　ISBN 978－7－5618－2761－1

　Ⅰ.模… Ⅱ.何… Ⅲ.机电一体化-模块化-加工-教
材 Ⅳ. TH-39

中国版本图书馆CIP数据核字（2008）第128872号

出版发行	天津大学出版社
地　　址	天津市卫津路 92 号天津大学内（邮编：300072）
电　　话	发行部:022-27403647
印　　刷	天津泰宇印务有限公司
经　　销	全国各地新华书店
开　　本	185mm×260mm
印　　张	14.25
字　　数	330 千
版　　次	2008年8月第1版 2011年2月第2版
印　　次	2023 年 1 月第 8 次
定　　价	29.80 元

再版前言

2006 年黄河水利职业技术学院被教育部、财政部确定为首批 28 所国家示范性高等职业院校,步入了全国先进高等职业教育行列。模块化生产加工系统课程是我院的重点示范建设专业——电气自动化技术专业的专业核心技能课程之一。在课程建设过程中,启动了项目化为主题的课程改革,从教学内容、教学过程、教学环境、考核评价等方面对课程重新进行了整体设计和单元设计。在教学实施时,将课堂设在实训室,采取边教边学、边学边练、学做合一的教学模式,在保证理论知识的"必需够用"的前提下,加强了学生的实践操作技能的培养。

《模块化生产加工系统应用教程》于 2008 年 8 月出版第 1 版,参照课程建设的成果以及对教材为期两年的适用效果,我们对本书进行了修订,重点修改了第 11 章,增加了西门子工业网络的内容,介绍了 PROFIBUS 总线技术及其在 MPS 系统中的应用。通过 MPS 工作站的组合控制详细介绍了典型控制系统网络通信与组态、控制程序设计的方法和步骤。另外,在修订版中对本书的形式做了一些修改,将异 16 开本变为正 16 开本,并在每页增加了给学生记录笔记的空白空间,更方便学生的使用。

虽然我们对全书进行了再次审读和修改,但书中仍有不足和疏漏之处,恳请广大读者不吝指正。

为方便教学和自学,本书配有电子教案,如需要可向天津大学出版社免费索取,联系邮箱moonsand79910@163.com。

编 者

2010 年 12 月

前　言

目前许多高校都已开设了模块化生产加工系统这门课程,本着以就业为导向,以工作过程来序化教学内容,针对教学安排和自动化技术的发展与应用,我们组织编写了这本教材。

本书以德国 FESTO 公司生产的 MPS 教学设备为基础,体现了机电一体化的实际应用,涉及气动、传感器、PLC 等多门技术,在编写过程中力求语言流畅、叙述清楚,内容符合实际应用和教学,并加入了许多日常的教学实践内容。

本书共分 12 章,第 0 章(绪论)简单介绍了机电一体化技术的基本概念和课程的学习目标;第 1 章概述了 MPS 设备的组成和基本功能;第 2 章介绍了气动技术的基础知识;第 3 章介绍了常用的传感器的结构、工作原理及应用;第 4 章介绍了 SIMATIC S7—300 PLC 的硬件结构、STEP7 软件包的使用;第 5 章介绍了 S7 - 300 软件常用基本指令和编程语言以及顺序功能图的设计方法;第 6～10 章围绕 MPS 教学设备,剖析各个工作单元的结构和功能,循序渐进地介绍 PLC 控制程序的设计方法;第 11 章主要以综合应用为重点,强调知识与能力的应用。为了更好地培养学生的实际操作技能,本书在每章中穿插了大量的技能训练内容,实用性较强。

本书编写的目的是使学生学以致用,提高学生实际应用和动手能力。"讲、学、做、练"一体是本书的特点,教材中的技能训练较好地体现了这一点。在教学过程中,适宜采用边讲边练、学做结合的教学方法和手段,通过学生技能训练环节可将理论与实践有机结合。在实际教学中,可根据具体的教学安排和实训环境灵活掌握学生的技能训练内容。

本书由国家示范性高等职业院校黄河水利职业技术学院何瑞主编,负责全书的组织、统稿和改稿,并编写了绪论、第 2、6 章;王进编写了第 1、11 章;鲁俊婷编写了第 3 章;杜广朝编写了第 4 章;刘玉宾编写了第 5 章;刘金浦编写了第 7、8 章;刘云潺编写了第 9、10 章及附录。

在本书的编写中得到了胡健同志的大力帮助,在此深表感谢。

本教材虽经反复修改和推敲,但由于作者水平有限,仍难免会有错误和不当之处,恳请读者批评指正。欢迎通过 E - mail 与我们联系:herui0416@163.com。

编　者

2008 年 5 月

目　　录

第0章

绪论

0.1 机电一体化技术概论

0.1.1 机电一体化技术的定义

机电一体化的定义,国内外说法不一,一般包括技术和产品两个方面。机电一体化技术就是微电子技术、计算机技术、信息技术与机械技术相结合的综合性高新技术,是机械技术与微电子技术的有机结合。日本对其的解释是:"机电一体化是指在机构的主功能、信息处理功能和控制功能上引入电子技术,并将机械装置和电子设备以及软件等有机结合起来构成的产品或系统。"机电一体化产品一般是在机械产品的基础上采用电子技术、控制技术和计算机技术等通过相互渗透和融合所产生出来的新一代产品和系统。

0.1.2 机电一体化的相关技术

机电一体化技术是综合应用了机械技术、微电子技术、计算机与信息处理技术、自动控制技术、传感与检测技术、伺服驱动技术、接口技术及系统技术等群体技术,在高质量、高精度、高可靠性、低能耗意义上实现多种技术功能复合的最佳功能价值的系统工程技术。和机电一体化相关的技术如下。

(1)机械技术。机械技术是机电一体化的基础,其着眼点在于如何与机电一体化技术相适应,利用其他高新技术来更新概念,实现结构上、材料上、性能上的变更,满足减小重量、缩小体积、提高精度、提高刚度及改善性能的要求。

(2)计算机与信息处理技术。计算机与信息处理技术包括信息交换、存取、运算、判断与决策、人工智能技术、专家系统技术和神经网络技术等。

(3)自动控制技术。自动控制技术在控制理论指导下,进行系统设计、设计后的系统仿真以及现场调试等。它包括高精度定位控制、速度控制、自适应控制、自诊断校正、补偿、再现和检索等。

（4）传感与检测技术。传感与检测技术是系统的"感受器官"，是实现自动控制、自动调节的关键环节，其功能越强，系统的自动化程度就越高。现代工程要求传感器能快速、精确地获取信息，并能经受严酷环境的考验，它是机电一体化系统达到高水平的保证。

（5）伺服传动技术。伺服传动技术包括电动、气动、液压等各种类型的传动装置，伺服系统是实现电信号到机械动作的转换装置与部件，对系统的动态性能、控制质量和功能有决定性的影响。

（6）系统技术。系统技术即以整体的概念组织应用各种相关技术，从全局角度和系统目标出发，将总体分解成相互关联的若干功能单元。接口技术是系统技术中的一个重要方面，它是实现系统各部分有机连接的保证。

0.1.3　机电一体化技术的分类

机电一体化技术可分类如下。

（1）在原有的机械本体上，采用电子控制设备实现高性能和多功能的系统，如数控机床、机器人、发动机控制系统和自动洗衣机等。

（2）与电子设备有机结合的信息设备，如电报机、传真机、打印机、复印机、录音机、磁盘存储器及办公自动化设备等。

（3）用电子设备全面置换机械结构的信息处理系统，如石英电子表、电子计算机、电子秤、电子交换机和电子计费器等。

（4）与电子设备有机结合的检测系统，如自动探伤机、形状识别机装置、CT 扫描仪和生物化学分析仪等。

（5）利用电子设备代替机械本体工作的系统，如电火花加工机床、线切割放电加工机、激光测量机和超声波缝纫机等。

（6）用电子设备局部置换机械控制结构形成的产品，如电子缝纫机、电子打印机、自动售货机、电子电动机和无整流电动机等。

0.1.4　机电一体化系统的基本结构

机电一体化系统一般包括 5 个基本结构要素：机械本体、检测传感部分、执行机构、控制及信息处理单元及动力源，如图 0.1 所示。

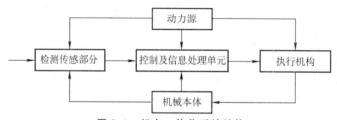

图 0.1　机电一体化系统结构

（1）机械本体。机械本体包括机架、机械连接、机械传动等，它是机电一体化的基础，起着支撑系统中其他功能单元、传递运动和动力的作用。

（2）检测传感部分。检测传感部分包括各种传感器及其信号检测电路，其作用就是检测机电一体化系统工作过程中本身和外界环境有关参量的变化，并将信息传递给控制及信息处理单元，控制及信息处理单元根据检查到的信息向执行机构发出相应的控制。

（3）控制及信息处理单元。控制及信息处理单元是机电一体化系统的核心，负责将来自各传感器的检测信号和外部输入命令进行集中、存储、计算和分析,根据信息处理结果,按照一定的程度和节奏发出相应的指令,控制整个系统有目的地运行。

(4)执行机构。执行机构的作用是根据电子控制单元的指令驱动机械部件运动。执行机构是运动部件,通常采用电力驱动、气压驱动和液压驱动等几种方式。

(5)动力源。动力源是机电一体化产品能量供应部分,其作用是按照系统控制要求向机械系统提供能量和动力使系统正常运行。提供的能量方式包括电能、气能和液压能,以电能为主。

0.1.5 MPS 教学系统技术特征

模块化生产加工系统,简称 MPS(Modular Production System)是由德国 FES-TO 公司出品的教学设备,体现了机电一体化技术的实际应用。MPS 设备是一套开放式的设备,用户可根据自己的需要选择设备组成单元的数量和类型,最多可由 9 个单元组成,最少是一个单元即可自成一个独立的控制系统。由多个单元组成的系统可以体现出自动生产线的控制特点。

MPS 系统综合应用了多种技术知识,如气动技术、机械技术(机械传动、机械连接等)、电工电子技术、传感器应用技术、PLC 控制技术等。其中气动技术广泛应用于各种机械和生产线上,并越来越多地应用于各行业的自动装配和自动加工小件、特殊物品的设备上,已经成为自动化生产线的主要组成部分。传感器是感知、获取信号的窗口,是自动化系统不可缺少的组成部分,是实现自动控制的主要环节。可编程控制器的飞速发展和强大的功能,使它成为实现自动化的重要手段。

该系统可以模拟一个与实际生产情况十分接近的控制过程,使学习者处于一个非常接近于实际工程应用的教学设备环境,在学习过程中很自然地将理论应用到实际中,实现了理论与实践的完美结合,从而能缩短理论教学与实际应用之间的距离。

0.2 本课程的内容和任务

本课程是一门实践性很强的专业课,以 MPS 教学设备为对象,主要介绍气动技术、传感器应用及可编程控制器的工作原理和实际应用。本课程的目标是让学生掌握一门非常实用的机电一体化设备(如 MPS)控制技术,培养学生具备一定的实际应用和动手能力。

机电一体化控制技术是电类及机电类专业学生应掌握的基础应用知识,具体要求如下。

(1)熟悉基本气动元件的结构和应用,能够阅读和设计简单的气动控制回路。

(2)了解传感器的基本结构和工作原理,能够正确使用传感器。

(3)理解可编程控制器的工作原理,熟悉 PLC 的基本指令系统和程序设计方法,掌握 PLC 顺序功能图的编程方法与应用。

(4)掌握 STEP7 软件包的使用,熟练应用 SIMATIC 管理器,掌握梯形图编程语言和 S7－Graph 编程语言。

(5)掌握 MPS 各组成单元的组成和基本功能,能够针对实际控制对象应用 PLC 设计控制程序。

(6)掌握 PLC 通信的方法。

第1章

MPS 教学系统概述

学习目标

1. 了解 MPS 教学系统的组成和基本功能。

2. 了解各工作单元的基本结构。

3. 了解 MPS 系统所涉及的相关技术。

MPS 模块化生产加工系统是一套采用德国先进技术、能模拟实际工业生产中大量复杂控制过程的教学培训装置。该系统采用现代气动技术及计算机控制技术,对生产线进行模块化及标准化,从基础部分的简单功能及加工顺序扩展到复杂的集成控制系统。系统各模块间通过现场总线互相通讯,可大大缩短设计、加工、安装及调试的周期。

MPS 装置是一套开放式的设备,可以根据需要选择设备组成单元的类型和数量。设备最多可由 9 个单元组成,最少可以是一个单元自成一个独立的系统。应用 MPS 系统可以自由选择学习及培训的项目、内容和深度;可以完成加工系统中设计、组装、调试、操作、维护和纠错等不同的培训要求。并且通过 MPS 系统,不仅可以增长学员的技术知识,而且能够促进团队精神、合作精神、学习技巧、独立能力和组织能力等个人素质的发展。

1.1 系统基本组成及功能

MPS 系统每一个工作单元都能够实现多种功能,将独立的工作单元互相连接可以形成各种不同形式的复杂系统。本书介绍的 MPS 系统由 5 个典型工作单元组成,综合应用了多种技术知识,如气动技术、机械技术(机械传动、机械连接等)、电工电子技术、传感器应用技术和 PLC 控制技术等,能够真实地模拟出一条生产加工线的工作过程。

1.1.1 系统基本组成

5 个工作单元的 MPS 系统如图 1.1 所示，由供料、检测、加工、操作手和成品分装单元组成。

图 1.1 5 个工作单元的 MPS 系统结构

MPS 系统采用 PLC 控制。PLC 作为通用工业控制器，是专为在工业环境应用而设计的，既可用于单台设备的控制，也可用于多机群控及自动化流水线。MPS 安装了多种类型的传感器，分别用于判断物体运动的位置、物体的形状、颜色和材质等。各单元大都采用了气动执行机构，其运动位置通过安装在其上面的传感器的信号来判断。

1.1.2 系统基本功能

MPS 系统各组成工作单元的基本功能描述如下。

(1)供料单元的基本功能。供料单元主要为加工过程提供加工工件，按照需要将放置在料仓中的待加工工件从料仓中自动取出，并将其送到下一个工作单元，即检测单元。

(2)检测单元的基本功能。检测单元主要是检测加工工件的特性，对前一工作单元提供的工件进行材质、颜色、高度的检测，由传感器完成检测工作。

(3)加工单元的基本功能。加工单元将前一工作单元提供的工件在旋转工作台上进行机械加工和检测，并将加工后的工件输送到下一工作单元。

(4)操作手单元的基本功能。操作手单元将加工好的合格工件送入成品分装单元，不合格工件送入废料仓。

(5)成品分装单元的基本功能。成品分装单元根据检测模块的检测结果，将放置在传送带上的工件分别送入不同的滑槽。

1.2 工作单元概述

1.2.1 供料单元

MPS 的每一工作单元由各种独立的模块组成。供料单元的结构如图 1.2 所示，主要由送料模块、转运模块、I/O接线端子、真空发生器、气源处理组件、传感器、CP阀组、消声器、线槽及铝合金底板等组成。

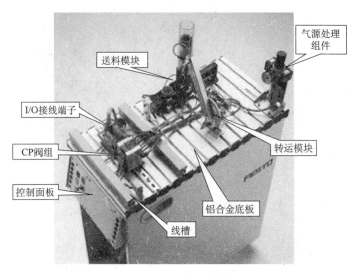

图1.2 供料单元

1. 送料模块

送料模块的主要作用是对料仓中的加工工件分开进料。送料模块如图1.3所示，主要由料仓、推料杆、双作用汽缸（简称为推料缸）和传感器组成。管装料仓中最多可存放8个工件，在送料过程中，双作用汽缸从料仓底部逐一推出工件，每推出一个工件传感器产生一个信号。

2. 转运模块

转运模块的主要功能是抓取工件，并将工件传送到下一个工作单元，如图1.4所示。转运模块是一个气动操作装置，从料仓推出的工件被转运模块上的真空吸盘吸起，由可旋转180°的摆臂传送到下一个工作单元。

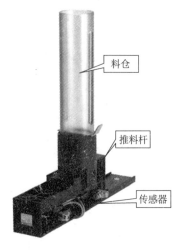

图1.3 送料模块

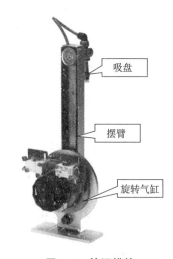

图1.4 转运模块

3. I/O 接线端子

I/O 接线端子通过导轨固定在铝合金板上,是工作单元与 PLC 之间进行通信的线路连接接口,工作单元所有的电信号线路都要接到该端子,再通过信号电缆连接到 PLC 上。I/O 接线端子结构如图 1.5 所示,它有 8 个输入和 8 个输出接线端子,在每一路接线端子上都有 LED 显示,用于显示对应的输入、输出信号状态,以供观察和调试使用。在每个接线端子旁还有数字标号,用于说明端子的位地址。

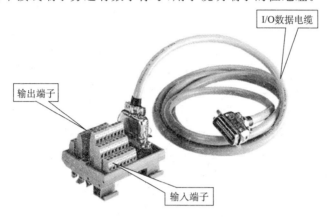

图 1.5　I/O 接线端子

4. 气源处理组件

气源处理组件是过滤和调压二联件,如图 1.6 所示,其主要功能是除去压缩空气中的杂质和水分,并调节和保持恒定的工作压力。两联件由过滤器、压力表、截止阀、快插接口和快速连接组成。

5. CP 阀组

CP 阀组是将多个阀集中在一起构成一组阀,而每个阀的功能是彼此独立的。本单元的 CP 阀组结构如图 1.7 所示,由一个单侧电控阀和两个双侧电控阀组成,它们分别控制推料缸、真空发生器和旋转汽缸的气路。

图 1.6　气源处理组件

图 1.7　CP 阀组

6. 控 制 面 板

控制面板由控制面板组件、通讯面板组件、备用面板组件和 Syslink 接口支架组成,如图 1.8 所示。

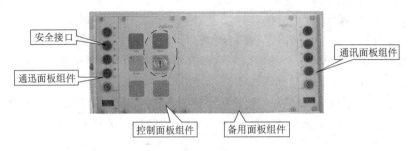

图 1.8　控制面板

控制面板组件上有 3 个覆膜按键和一个钥匙开关,如图 1.8 中用虚线圆包围部分。左上角是启动键(绿色,常开),带 LED 显示;右边是停止键(红色,常闭);下面是复位键(黄色,常开),带 LED 显示;钥匙开关(转换开关)是自动/手动控制功能切换(常开)。面板最下面还有 2 个可任意指定的控制灯 Q1 和 Q2。

通讯面板组件的作用是完成 MPS 工作单元之间的通讯,通过安全接口可以连接 4 个输入信号和 4 个输出信号。

备用控制面板可安装其他控制元件。

1.2.2　检测单元

检测单元的主要作用是识别工件的颜色和检测工件的尺寸,将合格的工件毛坯送到气动滑槽的上层,并通过滑槽送到下一个工作单元。不合格的工件毛坯送至滑槽的下层,在本单元被剔除。检测单元的结构如图 1.9 所示,主要由识别模块、升降模块、测量模块、滑槽模块等组成。

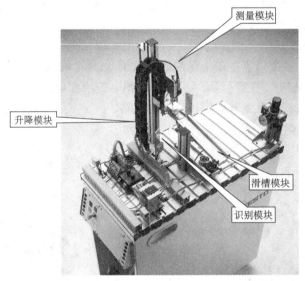

图 1.9　检测单元

1. 识别模块

识别模块用于识别工件颜色,结构如图 1.10 所示,由电容式传感器和光电式传感器组成。电容式传感器用来检测工作台有无工件。光电式传感器用来识别工件的颜色是黑色还是非黑色。

2. 升降模块

升降模块用于将识别模块提升到测量模块,结构如图 1.11 所示,主要由无杆汽

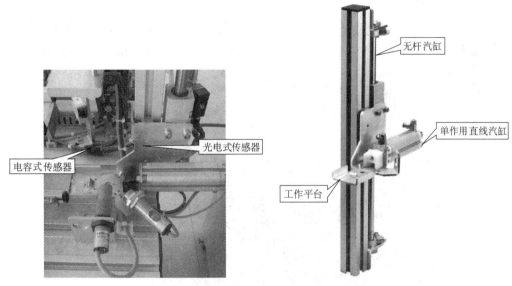

图 1.10　识别模块　　　　　　　　　图 1.11　升降模块

缸、单作用直线汽缸、工作平台、支架及传感器组成。无杆汽缸实现工作平台的升降，提升工件到指定位置。工作台和单作用直线汽缸通过螺栓紧固在一起，再通过螺栓固定在无杆汽缸的滑块上。单作用直线汽缸用于将工件从工作台推出。

　　3. 测量模块

　　测量模块的主要作用是检测工件的高度，结构如图 1.12 所示。它由一个模拟量（电阻式）传感器和传感器支架组成。电阻式传感器将测量杆的位移量转变为电位器电阻值的变化，再经位置指示器转换为 0～10 V 的直流电压信号，最后通过模拟量输入模块送入 PLC。

　　4. 滑槽模块

　　滑槽模块为工件提供两个物流方向，如图 1.13 所示。上滑槽用于将工件导入下一个工作单元，下滑槽用于剔除不合格工件。滑槽模块的倾斜角度可以随意调节。

　　本单元的其他组成部分与供料单元的结构基本相同，在此不再重复。

图 1.12　测量模块

图 1.13　滑槽模块

1.2.3 加工单元

在加工单元,工件在旋转平台上被检测和加工。本单元是唯一使用电气驱动器的工作单元。其结构如图 1.14 所示,主要由旋转工作台模块、钻孔模块、检测模块、电气分支等组成。

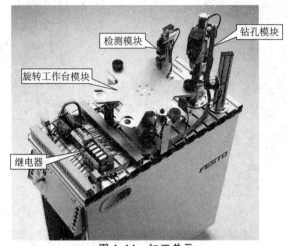

图 1.14 加工单元

1. 旋转工作台模块

旋转工作台模块用于被加工工件的加工和物流传递,其结构如图 1.15 所示。它主要由旋转工作台、工作台固定底盘、传动齿轮、直流电机、定位凸块、电感式接近开关、漫反射光电传感器及支架等组成。

旋转工作台由直流电动机驱动,通过齿轮减速后将动力传送到工作台。工作台的定位由电感式接近开关完成。光电传感器固定在旋转工作台的铝合金底板上,利用其信号判断是否有工件放到相应工位上。

2. 钻孔模块

钻孔模块用于模拟在工件上钻孔的过程,其结构如图 1.16 所示,主要由钻孔电

图 1.15 旋转工作台模块

图 1.16 钻孔模块

机、升降电机、钻孔导向装置、夹紧电磁铁、支架及传感器等组成。夹紧电磁铁用于夹紧工件;钻孔电机是钻孔的执行机构;钻孔导向装置用于保证钻孔电机沿着固定方向准确地运行;导向装置由升降电机控制在支架上上下移动。在导向装置的两端装有磁感应式接近开关,分别用于判断两个极限位置。

3. 检测模块

检测模块用于检测工件上是否有孔以及孔的深度是否合格。检测模块的结构如图 1.17 所示,主要由检测探针、磁感应接近开关、检测模块支架等组成。检测探针由电磁铁驱动,探针能够深入工件的孔中。如果工件上有孔且深度符合要求,探针能够运行到下端点,接近开关则发出信号。

4. 继电器

本单元共使用了 5 个继电器,安装位置及外观如图 1.18 所示,它们分别用于控制钻孔电机、钻孔导向升降电机、工作台驱动电机和夹紧电磁铁。

图 1.17　检测模块

图 1.18　继电器

1.2.4　操作手单元

操作手单元能够模拟提取工件,并按照要求将工件进行分流的动作过程。其结构如图 1.19 所示,主要由提取装置、无杆汽缸、手爪、传感器、滑槽、支架、I/O 接线端子、气源处理组件和 CP 阀组等组成。

1. 提取装置

提取装置如图 1.20 所示,主要由气抓手、提升汽缸和传感器组成。气抓手将工件从支架上提起,气抓手上装有光电式传感器,用于区分"黑色"及"非黑色"工件,并根据检测结果将工件放置在不同的滑槽中。本工作单元可以与其他工作单元组合并定义其

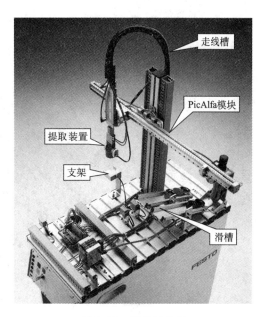

图 1.19　操作手单元

他的分类标准,工件可被直接传输到下一个工作单元。

2. PicAlfa 模块

PicAlfa 模块完成工件的移动传送,如图 1.21 所示。该模块配置了柔性 2—自由度操作装置,无杆汽缸上装有磁感应式接近开关,实现终端位置检测,具有高度的灵活性,使其行程长短、轴的倾斜、终端位置传感器的安排及安装位置可调。

图 1.20　提取装置

图 1.21　PicAlfa 模块

1.2.5　成品分装单元

进入成品分装单元的加工工件,按照材质或颜色分别被放置在 3 个不同的滑槽中,其结构如图 1.22 所示,主要由工料检测模块、滑槽模块、传送带模块、气源处理组件、I/O 接线端子、CP 阀组和传感器等组成。

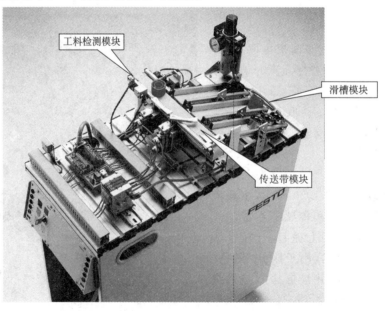

图 1.22　成品分装单元

1. 工料检测模块

工料检测模块如图 1.23 所示。当工件被放在传送带起始位置时,短行程汽缸将传送带上的工件停止住,电感式及光电式传感器检测工件的颜色和材质。传感器完成检测工件的特性(黑色、红色、金属色)后,将其分拣到正确的滑槽上。

2. 传送模块

传送模块主要由传送带模块、导轨、传感器和分离器组成,如图 1.24 所示。传送带由一个 24 V 直流电机驱动,传送带的始端和终端装有两个气控的拨叉,负责将工件送入相应滑槽。

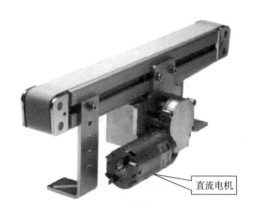

直流电机

图 1.23　工料检测模块　　　　图 1.24　传送模块

3. 滑槽模块

滑槽模块完成传送和储存工件,本站有 3 个滑槽,分别存放红色、金属色和黑色工件,如图 1.25 所示。在滑槽的入口处装有反射式光电传感器,用于检测是否有工件滑入滑槽,或者判断滑槽中的工件是否已满。

反射式光电传感器

图 1.25　滑槽模块

1.3　MPS 系统学习任务

MPS 教学系统可以完成机械、气动、电气、传感器、PLC 及系统调试等方面的学习内容。表 1.1 列出 5 单元 MPS 系统各工作单元能实现的学习和培训功能。

表 1.1　MPS 教学系统学习任务表

工作单元	功　　能					
	机械	气动	电气	传感器	PLC	系统调试
供料单元	机械安装	气动元件间的管路连接；真空技术	电气元器件的布线	限位开关正确使用	PLC 编程及应用；PLC 程序的结构；对特定操作模块编程；对加工顺序一次复位；急停编程	
检测单元		无杆汽缸的使用		数字量传感器操作模式和应用；模拟量传感器的操作模式和应用	PLC 编程及应用；模拟信号加工	完整加工顺序调试；系统纠错
加工单元				限位开关的正确使用	PLC 编程及并行加工顺序	生成构成的系统纠错
操作手单元		气动元件间的管路连接；气抓手；气动线性驱动器		限位开关的正确使用	PLC 编程及应用；控制操作手装置	完整加工顺序调试；工作周期的优化；气源或电源损失下的安全措施
成品分装单元		气动元件间的管路连接		限位开关的正确使用；电感和光电式操作模式及应用	PLC 编程及应用；交替（或）分支选择	完整加工顺序调试

第 2 章

气动技术基础

2.1 气动技术概述

气压传动简称气动,是指以压缩空气为工作介质来传递动力和控制信号,控制和驱动各种机械和设备,以实现生产过程机械化与自动化的一门技术。气压传动具有防火、防爆、防电磁干扰、抗振动、抗冲击、抗辐射、无污染、结构简单、工作可靠等特点。气动技术与液压、机械、电气和电子技术一起,互相补充,已发展成为实现生产过程自动化的重要手段,在机械、冶金、轻纺食品、化工、交通运输、航空航天、国防建设等各个行业及部门已得到广泛应用。

2.1.1 气压传动的特点

1. 气压传动的优点

气压传动的显著优点如表 2.1 所示。

表 2.1 气压传动的优点

优点	说明
获取	空气随处可取,取之不尽
输送	空气通过管道传输,易于集中供气和远距离输送
洁净	无油润滑,用后的空气直接排入大气,对环境无污染
储存	压缩空气可以储存在储气罐中
温度	压缩空气对温度的变化不敏感,保证运行稳定
防爆	压缩空气没有爆炸及着火的危险
元件	结构简单,制造容易,适于标准化、系列化和通用化
安全	气动工具和执行元件超载时停止不动,无其他危害

2. 气压传动的缺点

表 2.2 列出了气压传动的缺点。

表 2.2　气压传动的缺点

缺点	说明
处理	压缩空气需要有良好的处理,不能有灰尘和湿气
可压缩性	由于压缩空气的可压缩性,执行机构不易获得均匀恒定的运动速度
推力	只有在一定的推力下,采用气动技术才比较经济
噪声	排气噪声较大,但可以通过噪声吸收材料及使用消声器进行改善

2.1.2　气动系统的组成

气动(气压传动)系统是一种能量转换系统,典型的气压传动系统由气源装置、执行元件、控制元件和辅助元件 4 个部分组成,如图 2.1 所示。

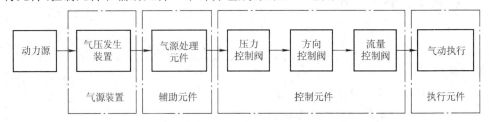

图 2.1　气动系统的基本组成

气压发生装置简称气源装置,是获得压缩空气的能源装置,其主体部分是空气压缩机,另外还有气源净化设备。

辅助元件是使压缩空气净化、润滑、消声以及元件间连接所需要的一些装置,如分水滤气器、油雾器、消声器以及各种管路附件等。

控制元件又称操纵、运算、检测元件,是用来控制压缩空气流的压力、流量和流动方向等,以便使执行机构完成预定运动规律的元件。它包括各种压力阀、方向阀、流量阀、逻辑元件、射流元件、行程阀、转换器和传感器等。

执行元件是将压缩空气压力能转变为机械能的能量转换装置,如做直线往复运动的汽缸、做连续回转运动的气马达和做不连续回转运动的摆动马达等。

2.2　气源装置

气源装置以压缩空气为工作介质,向气动系统提供压缩空气。其主体是空气压缩机,此外还包括压缩空气净化装置和传输管道。

2.2.1　压缩空气

空气由多种气体混合而成,其主要成分是氮气和氧气,其次是氩气和少量的二氧化碳及其他气体。空气可分为干空气和湿空气两种形态,以是否含水蒸气作为区分标志。不含有水蒸气的空气称为干空气,含有水蒸气的空气称为湿空气。

1. 气动系统对压缩空气品质的要求

气源装置给系统提供足够清洁干燥且具有一定压力和流量的压缩空气,并有如下要求。

(1)压缩空气具有一定的压力和足够的流量。

(2)压缩空气具有一定的净化程度。

(3)压缩空气的压力波动不大,能稳定在一定范围内。

由空气压缩机排出的压缩空气虽然可以满足气动系统工作时的压力和流量要求,但其温度高达 170 ℃,且含有汽化的润滑油、水蒸气和灰尘等污染物,这些污染物将对气动系统造成如下不利影响。

(1)油蒸气聚集在贮气罐,有燃烧爆炸危险;同时油分高温汽化后会形成一种有机酸,对金属设备有腐蚀作用。

(2)油、水、尘埃的混合物沉积在管道内会减小管道流通面积,增大气流阻力。

(3)在寒冷季节,水蒸气凝结后会使管道及附件冻结而损坏,或使气流不通畅。

(4)颗粒杂质会引起汽缸、马达、阀等相对运动表面间的严重磨损,破坏密封,降低设备使用寿命,可能堵塞控制元件的小孔,影响元件的工作性能,甚至使控制失灵等。

气动装置要求压缩空气的含水量越小越好,压缩空气要具有一定的清洁度和干燥度,以满足气动装置对压缩空气的质量要求。因此,由空气压缩机排出的压缩空气必须经过降温、除油、除水、除尘和干燥,使之品质达到一定要求后,才能使用。

2. 压力计量

(1)计量单位。在国际单位制中,压力的单位是帕斯卡(简称帕,Pa)。由于帕的单位太小,通常采用千帕(kPa)、兆帕(MPa)或巴(bar)表示。在气动技术中也采用大气压(atm)或千克力每平方厘米(kgf/cm²)作为单位。它们之间的换算关系如下:

$1\ \text{Pa}=1\ \text{N/m}^2$,$1\ \text{kPa}=1\ 000\ \text{Pa}=0.01\ \text{kgf/cm}^2$,$1\ \text{MPa}=1\times10^6\ \text{Pa}=10\ \text{kgf/cm}^2$,$1\ \text{bar}=1\times10^5\ \text{Pa}=1\ \text{kgf/cm}^2$,$1\ \text{atm}=1.033\ \text{kgf/cm}^2=1.013\ 3\ \text{bar}=101\ 330\ \text{Pa}$。

MPS 设备气源的工作压力范围是 6~8 bar。

(2)压力的正负。以大气压作为参考零点,大于大气压的压力为正压力;小于大气压的压力为负压力,负压也称为真空。

2.2.2 气源装置结构

气源装置为气动设备提供满足要求的压缩空气动力源。一般气源装置的组成和布置如图 2.2 所示。

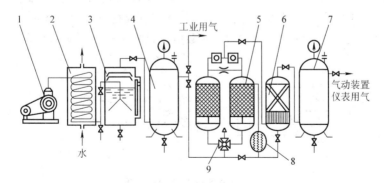

图 2.2 气源装置的组成和布置示意

1—空气压缩机 2—冷却器 3—油水分离器

4、7—贮气罐 5—干燥器 6—过滤器 8—加热器 9—四通阀

1.空气压缩机

空气压缩机简称空压机,是气源装置的核心,用以将原动机输出的机械能转化为气体的压力能。

1)分类

空压机有以下几种分类方法。

(1)按工作原理分类如下所示:

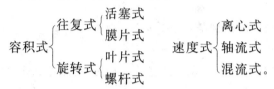

(2)按空压机输出压力 p 的大小分类。

鼓风机:$p \leqslant 0.2$ MPa;

低压空压机:0.2 MPa$\leqslant p \leqslant 1$ MPa;

中压空压机:1 MPa$< p \leqslant 10$ MPa;

高压空压机:10 MPa$< p \leqslant 100$ MPa;

超高压空压机:$p > 100$ MPa。

(3)按输出流量(即铭牌流量或自由流量)的大小分类。

微型空压机:输出流量< 1 m³/min;

小型空压机:输出流量为$1 \sim 10$ m³/min;

中型空压机:输出流量为$10 \sim 100$ m³/min;

大型空压机:输出流量大于100 m³/min。

2)空气压缩机的工作原理

气动系统中最常用的是往复活塞式空压机,其工作原理如图2.3所示。当活塞3向右移动时,汽缸2左腔的压力低于大气压力,吸气阀9打开,空气在大气压力作用下进入汽缸左腔,此过程称为"吸气过程";当活塞3向左移动时,吸气阀9在汽缸左腔内压缩气体的作用下关闭,左腔内空气体被压缩,此过程称为"压缩过程"。当汽缸左腔内气压力增高到略大于输出管路内空气压力后,排气阀1打开,压缩空气排入输气管道,此过程称为"排气过程"。活塞3的往复运动是由电动机(或内燃机)带动曲柄8转动,通过连杆7、滑块5、活塞杆4转化成直线往复运动而产生的。图示为一个活塞一个汽缸空压机的工作情况,大多数空压机是多缸多活塞的组合。

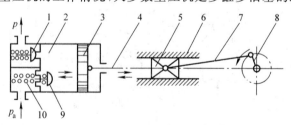

图2.3　活塞式空气压缩机工作原理

1—排气阀　2—汽缸　3—活塞　4—活塞杆　5—滑块
6—滑道　7—连杆　8—曲柄　9—吸气阀　10—弹簧

2. 净化装置

压缩空气的净化装置包括除水装置(后冷却器和干燥器)、过滤装置、调压装置及润滑装置等,用于排出压缩空气的水分、油分及粉尘杂质等,得到适当的压缩空气质量。

从空压机输出的压缩空气温度高达 120～180 ℃,在此温度下,空气中的水分完全呈气态。后冷却器的作用是将空压机出口的高温压缩空气冷却到 40 ℃,并使其中的水蒸气和油雾冷却成水滴和油滴,以便将其清除。过滤器用以除去压缩空气中的油污、水分和灰尘等。经过后冷却器、油水分离器和贮气罐后得到初步净化的压缩空气,已满足一般气压传动的需要。但压缩空气中仍含一定量的油、水以及少量的粉尘,如果用于精密的气动装置、气动仪表等,上述压缩空气还必须进行干燥处理。

3. 贮气罐

贮气罐有以下作用。

(1)储存一定数量的压缩空气,以备发生故障或临时需要应急使用。

(2)消除由于空气压缩机断续排气而对系统引起的压力脉动,保证输出气流的连续性和平稳性。

(3)进一步分离压缩空气中的油、水等杂质。

贮气罐的尺寸大小由空压机的输出功率决定。贮气罐的容积越大,压缩机运行的时间越长。贮气罐一般为圆筒状焊接结构,以立式居多。

4. 压缩空气的输送

从空压机输出的压缩空气通过管路系统被输送到各气动设备。管路系统如同人体的血管。气动系统中常用的有硬管和软管。硬管以钢管、紫铜管为主,常用于高温高压和固定不动的部件之间连接。软管有各种塑料管、尼龙管和橡胶管等,其特点是经济、拆装方便、密封性好,但应避免在高温、高压、有辐射场合使用。气动系统的管路按其功能分类有以下几种。

(1)吸气管路。从吸入口过滤器到空压机吸入口之间的管路,此段管路管径宜大,以降低压力损失。

(2)排出管路。从空压机排出口到后冷却器或贮气罐之间的管路,此段管路应能耐高温、耐高压与耐振动。

(3)送气管路。从贮气罐到气动设备之间的管路。

(4)控制管路。连接气动执行元件和各控制阀之间的管路,此种管路大多数采用软管。

(5)排水管路。收集气动系统中的冷凝水,并将水分排除的管路。

技 能 训 练 1
任务　过滤、调压二联件的调节与维护
内容

1)了解过滤、调压二联件的结构

MPS 工作单元的气源处理组件采用的是过滤、调压二联件,如图 2.4 所示。它由过滤器、压力表、截止阀、快插接口和快速连接等组成,安装在可旋转的支架上。过滤器有分水装置,可排除压缩空气中的冷凝水、颗粒较大的固态杂质和油滴。减压阀可以控制系统中的工作压力,同时能对压力做出补偿。滤杯带有手动排水阀。

图 2.4　过滤、调压二联件

1—压力调节手柄　2—进气口　3—压力表　4—过滤器　5—气路控制开关
6—出气口　7—凝结水排放口

2)二联件的调节

(1)将压力调节手柄的外套向上提起,调节压力,使压力表指针指在 6～8 bar 压力范围。

(2)检查过滤器凝结水的水位,并及时排放,避免超过最高标线。

(3)检查气路控制开关工作是否正常。

2.3　气动执行元件

气动元件是指利用压缩空气工作的元件。气动元件按照功能不同分为气动执行元件、气动控制元件、气动检测元件、真空元件及其他气动辅助元件。气动执行元件是一种能量转换装置,它将压缩空气的压力能转化为机械能,驱动执行机构实现直线往复运动、摆动、旋转运动或冲击动作。气动执行元件分为汽缸和气马达两类。汽缸用于提供直线往复运动或摆动,输出力和直线速度或摆动角位移;气马达用于提供连续回转运动,输出转矩和转速。

在气动系统中,由于汽缸具有运动速度快、输出调节方便、结构简单耐用、容易安装、制造成本低、维修方便、环境适应性强等特点,因此是应用最为广泛的一种执行机构。

1.汽缸的分类

根据使用条件不同,汽缸的结构、形状和功能也不一样,确切的对汽缸进行分类比较困难。汽缸的主要分类方式有以下几种。

(1)按结构分类。按结构特征,汽缸主要分为活塞式汽缸和膜片式汽缸两种。详细分类如图 2.5 所示。

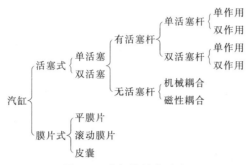

图 2.5　汽缸按结构分类

（2）按尺寸分类。通常汽缸按缸径分为微型汽缸（2.5～6 mm）、小型汽缸（8～25 mm）、中型汽缸（32～320 mm）和大型汽缸（大于 320 mm）。

（3）按安装形式分类。按汽缸安装形式分为固定式汽缸（汽缸安装在机体上固定不动，有脚座式和法兰式）和摆动式汽缸（缸体围绕固定轴可作一定角度的摆动，有 U 形钩式和耳轴式）两种。

（4）按运动形式分类。按运动形式分为直线运动汽缸和摆动汽缸两类。

（5）按驱动形式分类。按驱动汽缸时压缩空气作用在活塞端面上的方向分为单作用汽缸和双作用汽缸两种。

（6）按润滑方式分类。按润滑方式可将汽缸分为给油汽缸和不给油汽缸两种。

2. 普通汽缸的结构和工作原理

普通汽缸指缸体内只有一个活塞和一个活塞杆的汽缸，有单作用汽缸和双作用汽缸两种。两个方向上都受气压控制的汽缸称为双作用汽缸，只有一个方向上受气压控制的汽缸称为单作用汽缸。

1）双作用汽缸的结构和工作原理

以气动系统中最常使用的单活塞杆双作用汽缸为例来说明，图 2.6 为普通型单活塞杆双作用汽缸的结构原理图，它由缸筒、活塞、活塞杆、前端盖、后端盖及密封件等组成。双作用汽缸内部被活塞分成两个腔，有活塞杆腔称为有杆腔，无活塞杆腔称为无杆腔。

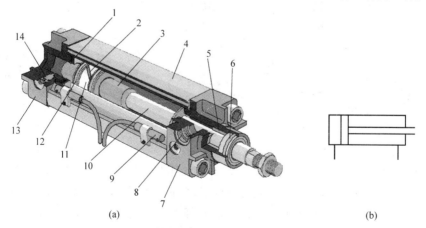

图 2.6　普通型单活塞杆双作用汽缸的结构

(a)结构　(b)符号

1、3—缓冲柱塞　2—活塞　4—缸筒　5—导向套　6—防尘圈　7—前端盖　8—气口　9—传感器

10—活塞杆　11—耐磨环　12—密封圈　13—后端盖　14—缓冲节流阀

当压缩空气从无杆腔输入时,从有杆腔排气,在汽缸的两腔形成压力差,推动活塞运动,使活塞杆伸出;当从有杆腔进气,无杆腔排气时,压力差使活塞杆缩回。若有杆腔和无杆腔交替进气和排气,活塞便可实现往复直线运动。

2)单作用汽缸的结构和工作原理

单作用汽缸的结构和符号如图2.7所示,由气口、活塞、活塞杆和缸体组成。单作用汽缸在缸盖一端的气口输入压缩空气,使活塞杆伸出(或缩回);另一端靠弹簧力、自重或其他外力使活塞杆恢复到初始位置。单作用汽缸主要用在夹紧、退料、阻挡、压入、举起和进给等操作上。

根据复位弹簧将单作用汽缸分为预缩型汽缸和预伸型汽缸。图2.7(a)为预缩型单作用汽缸结构,复位弹簧装在汽缸的活塞杆侧,在前缸盖上开有呼吸用的气口,其他结构与双作用汽缸相同。当弹簧装在有杆腔内时,由于弹簧的作用力而使汽缸活塞杆初始位置处于缩回位置,将这种汽缸称为预缩型单作用汽缸,符号如图2.7(b)。当弹簧装在无杆腔内时,汽缸活塞杆初始位置处于伸出位置的汽缸称为预伸型单作用汽缸,符号如图2.7(c)。

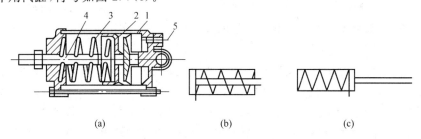

(a) (b) (c)

图2.7　普通型单作用汽缸

(a)结构　(b)预缩型单作用汽缸符号　(c)预伸型单作用汽缸符号

1—缸体　2—活塞　3—弹簧　4—活塞杆　5—气口

3.标准汽缸

标准汽缸指汽缸的功能和规格使用普遍、结构容易制造,是普通厂商通常作为通用产品供应给市场的汽缸,符合ISO6430、ISO6431、ISO6432、ISO21287、NFPA、VDMA24562等标准。部分标准汽缸的外观如图2.8所示。

图2.8　标准汽缸

4.无杆汽缸

无杆汽缸没有普通汽缸的刚性活塞杆,它利用活塞直接或间接连接外界执行机构,并使其跟随活塞实现往复运动。这种汽缸的最大优点是节省安装空间,特别适用于小缸径、长行程的场合,还能避免由于活塞杆及杆密封圈的损伤带来的故障;而且由于没有活塞杆,活塞两侧受压面积相等,双向行程具有同样的推力,有利于提高定位精度。

无杆汽缸主要分机械接触式和磁性耦合式两种,磁性耦合无杆汽缸简称为磁性汽缸,其外观和结构原理如图2.9所示。在活塞上安装一组高强磁性的永久磁环,缸筒外则安装一组磁性相反的磁环套,二者有很强的吸力。当活塞在缸筒内被气压推动时,在磁力作用下,带动缸筒外的磁环套一起移动,使活塞通过磁力带动缸体外部的移动体做同步移动。MPS 操作手工作单元的线性驱动器为无杆汽缸,它具有600 mm 的行程长度和 3 个终端位置传感器。

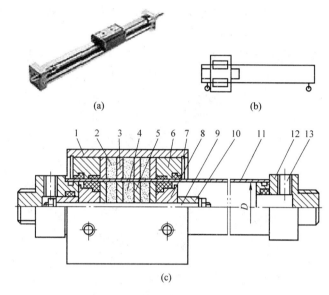

图 2.9　磁性无杆汽缸

(a)外形　(b)符号　(c)结构原理

1—套筒　2—外磁环　3—外磁导板　4—内磁环　5—内磁导板　6—压盖　7—卡环　8—活塞

9—活塞轴　10—缓冲柱塞　11—汽缸筒　12—端盖　13—进、排气口

5. 摆动汽缸

摆动汽缸是一种在小于 360°角度范围内做往复摆动的汽缸,它将压缩空气的压力能转换成机械能,输出力矩使机构实现往复摆动。常用的摆动汽缸的最大角度分为90°、180°和 270°三种规格。摆动汽缸按结构特点可分为叶片式和齿轮齿条式两种。

单叶片式摆动汽缸的结构原理如图 2.10 所示。它由叶片轴转子(即输出轴)、定子、缸体和前后端盖等部分组成。定子和缸体固定在一起,叶片和转子连在一起。在定子上有两条气路,当左路进气时,右路排气,压缩空气推动叶片带动转子顺时针摆动;反之,做逆时针摆动。MPS 系统中供料单元的摆臂就是由摆动汽缸驱动的,其符号如图 2.10(c)所示。

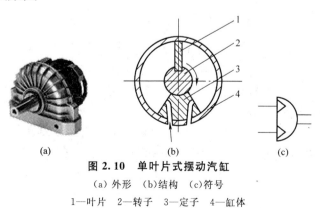

图 2.10　单叶片式摆动汽缸

(a)外形　(b)结构　(c)符号

1—叶片　2—转子　3—定子　4—缸体

6. 手指汽缸(气爪)

手指汽缸是一种变形汽缸,也称气爪,能实现各种抓取功能,是现代机械手的关键部件。气爪的开闭一般是通过汽缸活塞产生的往复直线运动带动与手爪相连的曲柄连杆、滚轮或齿轮等机构,驱动各个手爪同步做开、闭运动。气爪一般有如下特点。

(1)所有的结构都是双作用的,能实现双向抓取,可自由对中,重复精度高。

(2)抓取力矩恒定,有多种安装和连接方式。

(3)在汽缸两侧可安装非接触式检测开关。如图 2.11(a)所示为平行开合气爪,两个气爪对心移动,输出较大的抓取力,既可用于内抓取,也可用于外抓取。MPS 系统中操作手单元抓取工件采用的就是平行开合气爪。三点气爪的三个气爪同时开闭,适合夹持圆柱体工件及工件的压入工作,见图 2.11(b)。摆动气爪内外抓取 40° 摆角,旋转气爪开度 180°,抓取力大,并确保抓取力矩恒定,如图 2.11(c)和图 2.11 (d)所示。

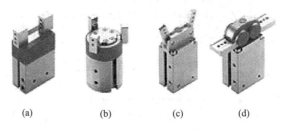

(a)　　　　(b)　　　　(c)　　　　(d)

图 2.11　平行开合手爪

(a)平行开合气爪　(b)三点气爪　(c)摆动气爪　(d)旋转气爪

7. 其他汽缸

汽缸的种类还有很多,图 2.12 为其他常用的几种汽缸。

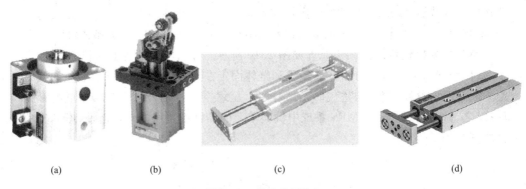

(a)　　　　　　(b)　　　　　　(c)　　　　　　(d)

图 2.12　其他常用汽缸

(a)短行程汽缸　(b)阻挡汽缸　(c)导向汽缸　(d)双活塞杆汽缸

(1)短行程汽缸。汽缸杆运动的行程比较短,结构紧凑,轴向尺寸比普通汽缸短。有单作用和双作用两种类型。

(2)阻挡汽缸。阻挡汽缸为阻挡工件传输而设计,是一种伸出型单作用汽缸。阻挡汽缸能快速、简便地安装在输送线上,外伸的活塞杆可安全平稳地阻挡传输工件。当加压时,活塞杆退回汽缸内,传输工件放行,等待下一个传输工件被阻挡。如 MPS 成品分装单元的阻挡汽缸。

（3）导向汽缸。导向汽缸是指具有导向功能的汽缸。在缸筒两侧配导向用的滑动轴承（轴瓦式或滚珠式），因此导向精度高，承受横向载荷能力强。

（4）双活塞杆汽缸。在缸体两端都有活塞杆伸出，活塞位于活塞杆的中间，往返行程的特性相同。汽缸的活塞杆既可以制成实心，也可以制成空心。

8. 汽缸的使用要求

汽缸使用时有如下要求。

（1）汽缸正常的工作条件是介质、环境温度一般为 $-20 \sim 80$ ℃，工作压力一般为 $0.1 \sim 1.0$ MPa。

（2）汽缸安装前，应在 1.5 倍工作压力下进行试验，不应漏气。

（3）汽缸安装的气源进口处需设置油雾器，以利工作中润滑。

（4）汽缸安装时，要注意动作方向，活塞杆不允许承受偏心负载或横向负载。

（5）负载在行程中有变化时，应使用有足够输出力的汽缸，并要附加缓冲装置。

（6）不使用满行程，特别是活塞杆伸出时，不要使活塞与缸盖相碰击，否则容易引起活塞和缸盖等零件损坏。

2.4　气动控制元件

在气压传动系统中，气动控制元件是控制和调节压缩空气的压力、流量和方向的重要控制阀，利用它们可组成各种气动控制回路，以保证气动执行元件（如汽缸、气马达等）按设计的程序正常地进行工作。气动控制元件按功能和用途可分为流量控制阀（或称流量调节阀）、方向控制阀和压力控制阀（或称压力调节阀）3 大类。

2.4.1　方向控制阀

方向控制阀是气压传动系统中通过改变压缩空气的流动方向和气流的通断，来控制执行元件启动、停止及运动方向的气动元件。方向控制阀的种类较多，如图 2.13 所示。

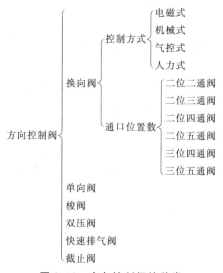

图 2.13　方向控制阀的种类

1. 分类

根据方向控制阀的功能、控制方式、结构方式、阀内气流的方向及密封形式等,可将方向控制阀分为以下几类。

1)按阀内气流的流通方向分类

按气流在阀内的流通方向分为单向型控制阀和双向型控制阀。单向型控制阀只允许气流沿一个方向流动,如单向阀、梭阀、双压阀和快速排气阀等。双向型控制阀可以改变气流流通的方向,如电磁换向阀和气控换向阀。

2)按阀的控制方式分类

表2.3所示为控制阀按控制方式的分类及符号。

表2.3　方向控制阀的控制方式及符号

控制方式	符　　号
人力控制	一般手动操作　按钮式　手柄式　脚踏式
机械控制	弹簧复位式　滚轮杆式　惰轮式
气压控制	直动式　滚轮杆式
电磁控制	单电控式　双电控式　带手动开关先导式双电控

人力控制换向阀是依靠人为操作使阀切换,简称为人控阀。人控阀主要分为手动阀和脚踏阀两大类。

机械控制换向阀是利用凸轮、撞块或其他机械外力操作阀杆使阀换向的,简称为机控阀。这种阀常用作信号阀。

气压控制换向阀是利用气体压力操纵阀杆使阀换向,简称为气控阀。气控阀按照控制方式可分为加压控制、卸压控制和延时控制等。这种阀在易燃、易爆、潮湿、粉尘大的工作环境中安全可靠。

电磁控制换向阀是利用线圈通电产生电磁吸力使阀切换,以改变气流方向的阀,简称为电磁阀。电磁阀易于实现电、气联合控制,能实现远距离操作,应用广泛。MPS设备中主要使用的是电磁控制换向阀。

3)按照阀的气路端口数量分类

控制阀的气路端口分为输入口(P)、输出口(A或B)和排气口(R或O)。按切换气路端口的数目分为二通阀、三通阀、四通阀和五通阀等。表2.4为换向阀的气路端口数和符号。

表 2.4　换向阀的气路端口数和符号

名称	二通阀		三通阀		四通阀	五通阀
	常通	常断	常通	常断		
符号	A↑ □ P	A ⊤ P	A↑ □ P R	A ⊤ P R	A B □ P R	A B □ R P S

二通阀有 2 个口,即 1 个输入口(P),1 个输出口(A)。三通阀有 3 个口,除 P、A 口外,增加了 1 个排气口(用字母 R 表示);三通阀既可以是 2 个输入口和 1 个输出口,也可以是 1 个输入口和 2 个排气口。四通阀有 4 个口,除 P、A、R 口外,还有 1 个输出口(用 B 表示),通路为 P→A、B→R 或 P→B、A→R。五通阀有 5 个口,除 P、A、B 外,还有 2 个排气口(用 R、S 或 O1、O2 表示),通路为 P→A、B→S 或 P→B、A→R。

二通阀和三通阀有常通型和常断型之分。常通型指阀的控制口未加控制信号(零位)时,P 口和 A 口相通。反之,常断型在零位时 P 口和 A 口相断。

控制阀的气路端口还可以用数字表示,表 2.5 是数字和字母两种表示方法的比较。

表 2.5　数字和字母表示方法的比较

气路端口	字母表示	数字表示	气路端口	字母表示	数字表示
输入口	P	1	排气口	R	5
输出口	B	2	输出信号清零	(Z)	(10)
排气口	S	3	控制口(1、2 口接通)	Y	12
输出口	A	4	控制口(3、4 口接通)	Z	14

4)按阀芯的工作位置数分类

阀芯的切换工作位置简称为"位",阀芯有几个工作位置就称为几位阀。根据阀芯在不同的工作位置,实现气路的通或断。阀芯可切换的位置数量分为二位阀和三位阀。

有 2 个通口的二位阀称为二位二通阀,通常表示为 2/2 阀,前者表示通口数,后者表示工作位置。有 3 个通口的二位阀称为二位三通阀,表示为 3/2 阀。常用的还有二位五通阀,常表示为 5/2 阀,它可用于推动双作用汽缸的回路中。

三位阀当阀芯处于中间位置时,各通口呈关断状态,则称为中位封闭式;如出气口全部与排气口相通,则称为中位卸压式;如输出口都与输入口相通,则称为中位加压式。

常见换向阀的符号见表 2.6,一个方块代表一个动作位置,方块内的箭头表示气流的方向(T 代表不通的口),各动作位置中进气口与出气口的总和为口数。

表 2.6　常见换向阀的符号

名称	符号	常态	名称	符号	常态
二位二通阀(2/2)		常通	二位五通阀(5/2)		2 个独立排气口
二位二通阀(2/2)		常断	三位五通阀(5/3)		中位封闭
二位三通阀(3/2)		常通	三位五通阀(5/3)		中位卸压
二位三通阀(3/2)		常断	三位五通阀(5/3)		中位加压
二位四通阀(4/2)		一条通路供气,一条通路排气			

5)按阀芯结构分类

按阀芯的结构分为截止式、滑柱式和同轴截止式。

6)按阀的连接方式分类

按阀的连接方式分为管式连接、板式连接、集成式连接和法兰式连接。

2.电磁阀

电磁控制换向阀简称为电磁阀,是气动控制元件中最主要的元件,其品种繁多,种类各异,按操作方式分为直动式和先导式两类。

直动式电磁阀是利用电磁力直接驱动阀芯换向,如图 2.14 所示为直动式单电控电磁换向阀。当电磁线圈得电,单电控二位三通阀的 1 口与 2 口接通。电磁线圈失电,电磁阀在弹簧作用下复位,1 口关闭。

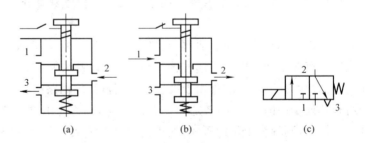

　　(a)　　　　　　　　(b)　　　　　　　　(c)

图 2.14　直动式单电控磁铁换向阀

(a)正常位置　(b)动作位置　(c)符号

　　图 2.15 为双电控电磁换向阀的符号。电磁线圈得电，双电控二位五通阀的 1 口与 4 口接通，且具有记忆功能，只有当另一个电磁线圈得电，双电控二位五通阀才复位，即 1 口与 2 口接通。

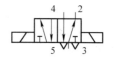

图 2.15　双电控电磁换向阀

　　直动式电磁铁只适用于小型阀，如果控制大流量空气，则阀的体积和电磁铁都必须加大，这势必带来不经济的问题，克服这些缺点可采用先导式结构。先导式电磁阀是由小型直动式和大型气控换向阀组合而成，它利用直动式电磁铁输出先导气压，此先导气压使主阀芯换向，该阀的电控部分又称为电磁先导阀。

　　3. 单向型方向控制阀

　　单向型方向控制阀只允许气流沿着一个方向流动。它主要包括单向阀、梭阀、双压阀和快速排气阀等。

　　1）单向阀

　　单向阀是气流只能一个方向流动而不能反向流动的方向控制阀。结构原理及符号如图 2.16 所示，利用弹簧将阀芯顶在阀座上。当压缩空气从 1 口进入，克服弹簧力和摩擦力使单向阀阀口开

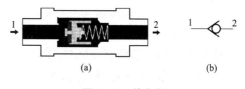

图 2.16　单向阀
（a）结构原理图　（b）符号

启，压缩空气从 1 口流至 2 口；当 1 口无压缩空气时，在弹簧力和 2 口（腔）余气力作用下，阀口处于关闭状态，使 2 口至 1 口气流不通。

　　单向阀应用于不允许气流反向流动的场合，如空压机向气罐充气时，在空压机与气罐之间设置单向阀，当空压机停止工作时，可防止气罐中的压缩空气回流到空压机。单向阀还常与节流阀、顺序阀等组合成单向节流阀或单向顺序阀使用。

　　2）梭阀

　　梭阀相当于两个单向阀组合的阀，其作用相当于"或门"，如图 2.17 所示。梭阀有两个进气口 1，一个出口 2，两个进气口都可与出口相通，但两个进气口不相通。两个 1 口中的任一口有信号输入，2 口都有输出；若两个 1 口都有信号输入，则先加入侧或信号压力高侧的气信号通过 2 口输出，另一侧则被堵死；仅当二者都无信号输入时，2 口才无信号输出。

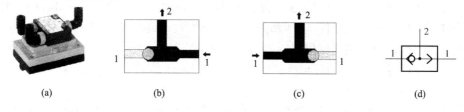

图 2.17　梭阀
（a）外形　（b）右端进气　（c）左端进气　（d）符号

　　梭阀在气动系统中应用较广，它可将控制信号有次序地输入控制执行元件，常见的手动与自动控制的并联回路中就用到梭阀。

3)双压阀

双压阀又称"与门",结构原理如图 2.18 所示,它有两个输入口 1 和一个输出口 2。若只有一个输入口有气信号,输出口 2 没有信号输出。只有当两个输入口同时有气信号时,2 才有输出。当两个 1 口输入的气压不等时,气压低的通过 2 输出。双压阀在气动回路中常作"与门"元件使用。

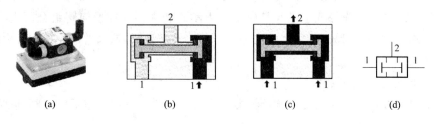

图 2.18   双压阀

(a)外形   (b)一端进气   (c)两端进气   (d)符号

4)快速排气阀

快速排气阀可使汽缸活塞运动速度加快,特别单作用汽缸可以避免回程时间过长。图 2.19 所示为快速排气阀,当 1 口进气时,单向阀开启,1 与 2 通,给执行元件供气;当 1 口无压缩空气输入时,执行元件中的气体通过 2 使阀芯左移,堵住 1、2 通路,同时打开 2、3 通路,气体通过 3 快速排出。快速排气阀常装在换向阀和汽缸之间,使汽缸的排气不用通过换向阀而快速排出,从而加快了汽缸往复运动速度,缩短了工作周期。

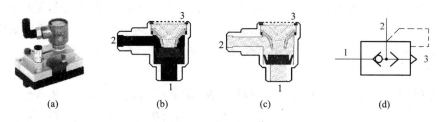

图 2.19   快速排气阀

(a)外形   (b)进气   (c)排气   (d)符号

2.4.2   流量控制阀

在气压传动系统中,有时需要控制汽缸的运动速度,有时需要控制换向阀的切换时间和气动信号的传递速度,这些都需要调节压缩空气的流量来实现。这种通过改变阀的流通截面积来实现流量控制的阀称为流量控制阀,它包括节流阀、单向节流阀和排气节流阀等。

1. 节流阀

节流阀是将空气的流通截面缩小以增加气体的流通阻力,从而降低气体的压力和流量,图 2.20 为节流阀结构原理和符号。阀体上有一个调节螺钉,可以调节节流阀的开口度,并可保持其开口度不变。气流经 1 口输入,通过节流口的节流作用后经 2 口输出。常用的有针型阀、三角沟槽型和圆柱斜切型等,图示是圆柱斜切阀芯的节流阀。由于这种节流阀的结构简单、体积小,故应用范围较广。

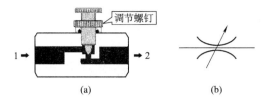

图 2.20　节流阀

(a) 结构和原理图　(b) 符号

2. 单向节流阀

单向节流阀是单向阀和节流阀并联而成的组合控制阀,如图 2.21 所示。当气流由 P 口向 A 口流动时,经过节流阀节流;反方向流动,即由 A 向 P 流动时,单向阀打开,不节流。单向节流阀常用于汽缸的调速和延时回路中。

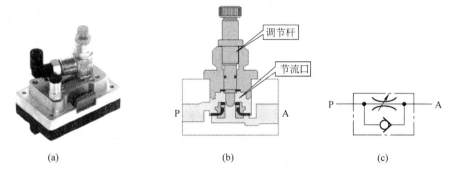

图 2.21　单向节流阀

(a)外形　(b)结构和原理图　(c)符号

3. 排气节流阀

排气节流阀与节流阀一样,是靠调节流通面积来调节气体流量的。它与节流阀不同之处是安装在系统的排气口处,不仅能够控制执行元件的运动速度,而且因其常带消声器件,具有减少排气噪声的作用,所以常称其为排气消声节流阀。图 2.22 所示为排气节流阀的工作原理图,气流从 A 口进入阀内,由节流口节流后经消声套排出。因而,它不仅能调节执行元件的运动速度,还能起到降低排气噪声的作用。

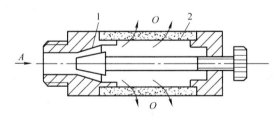

图 2.22　排气节流阀工作原理

1—节流口　2—消声套(用消声材料制成)

2.4.3　压力控制阀

在气动系统中,一般由空压机先将空气压缩,储存在贮气罐内,然后经管路输送给各个气动装置使用。而贮气罐的空气压力往往比各台设备实际所需要的压力高些,同时其压力波动值也较大。因此需要将其压力减到每台装置所需的压力,并使减压后的压力稳定在所需压力值上。压力控制阀就是用来控制气动系统中压缩空气的压力,以满足各种压力需求或节能。压力控制阀有减压阀、安全阀(溢流阀)和顺序阀3种。

减压阀又称调压阀,是将供气气源压力减到每台装置所需要的压力,并保证减压后压力值稳定。减压阀按调压方式分为直动式和先导式两大类。直动式减压阀,由旋钮直接通过调节弹簧来改变其输出压力;先导式减压阀,则是利用一个预先调整好的气压来代替直动式减压阀中的调压弹簧来实现调压目的。

顺序阀是依靠气路中压力的作用来控制执行元件按顺序动作的一种压力控制阀,顺序阀一般很少单独使用,往往与单向阀配合在一起,构成单向顺序阀。

安全阀又称溢流阀,在系统中起安全保护作用。当系统压力超过规定值时,安全阀打开,将系统中的一部分气体排入大气,使系统压力不超过允许值,从而保证系统不因压力过高而发生事故,图 2.23 所示为安全阀的工作原理。当系统压力小于阀的调定压力时,弹簧力使阀芯紧压在阀座上,阀处于关闭状态,如图 2.23(a);当系统压力大于阀的调定压力时,阀芯开启,压缩空气从排气口排放到大气中,如图 2.23(b)。如果系统中的压力降到阀的调定值,阀门关闭并保持密封。

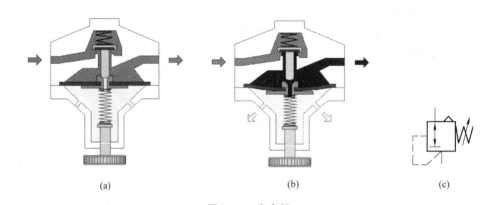

(a)　　　　　　　　　(b)　　　　　　　　　(c)

图 2.23　安全阀

(a) 关闭状态　(b) 开启状态　(c) 符号

2.4.4　真空元件

在低于大气压力下工作的元件称为真空元件,由真空元件所组成的系统称为真空系统,或称为负压系统。真空系统的真空是依靠真空发生装置产生的,真空发生装置有真空泵和真空发生器两种。本节仅介绍真空发生器的结构和原理。

真空吸附是利用真空发生装置产生真空压力为动力源,由真空吸盘吸附抓取物体,从而达到移动物体,为产品的加工和组装服务。对任何具有较光滑表面的物体,特别是那些不适于夹紧的物体,都可使用真空吸附来完成。真空吸附已广泛应用于电子电器生产、汽车制造、产品包装和板材输送等作业中。

1. 真空发生器

真空发生器是利用压缩空气的流动而形成一定真空度的气动元件,用于从事流量不大的间歇工作和表面光滑的工件。典型的真空发生器的工作原理如图 2.24 所示,它由先收缩后扩张的拉瓦尔喷管、负压腔、接收管和消声器组成。当压缩空气从供气口 1 流向排气口 3 时,在真空口上产生真空,吸盘与真空口相接,靠真空压力吸起物体。如果切断供气口的压缩空气,则抽空过程就会结束。

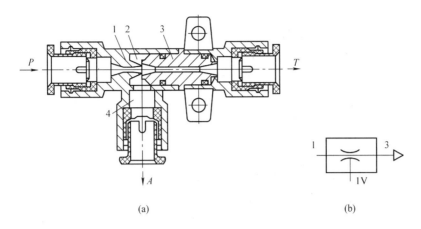

图 2.24 真空发生器的结构原理

(a) 结构原理 (b) 符号

1—拉瓦尔喷管 2—负压腔 3—接收管 4—真空腔

2. 真空吸盘

真空吸盘是利用吸盘内形成负压(真空)而把工件吸附住的元件,是真空系统中的执行元件。它适用于抓取薄片状的工件,如塑料板、矽钢片、纸张及易碎的玻璃器皿等,要求工件表面平整光滑,无孔无油。

根据吸取对象的不同需要,真空吸盘的材料由丁腈橡胶、硅橡胶、氟化橡胶和聚氨酯橡胶等与金属压制而成。除要求吸盘材料的性能要适应外,吸盘的形状和安装方式也要与吸取对象的工作要求相适应。常见真空吸盘的形状和结构有平板形、深型、风琴形等多种。图 2.25 所示为常用的真空吸盘外形及符号。

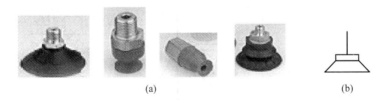

图 2.25 几种常用的真空吸盘

(a)外形 (b)符号

2.5 气动回路

气动回路指能传输压缩空气,并使各种气动元件按照一定规律动作的通道。按照气动回路在气动系统中所起的作用不同,将气动回路分为方向控制回路、压力控制回路、速度控制回路和多缸控制回路等。本节主要介绍方向控制回路和速度控制回路。

2.5.1 气动回路的表示

工程上气动回路图是以气动元件的符号组合而成,在分析和设计气动回路时,应对气动元件的功能、符号及特性有所熟悉和了解。

1. 气动回路与元件的关系

图 2.26 和图 2.27 分别给出了气动系统和电—气动系统中信号和元件的对应关系,对于分析和设计气动回路非常重要。

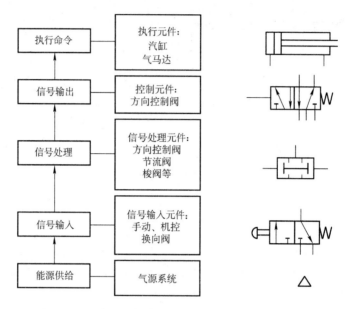

图 2.26　气动系统信号和元件的关系

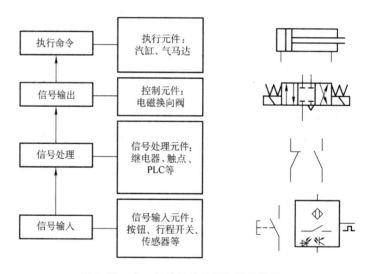

图 2.27　电—气动系统信号和元件的关系

2. 气动回路图中元件的命名

气动回路图中常以数字和英文字母两种方法命名。

英文字母命名常用于气动回路图的设计,并在回路中代替数字命名使用,大写字母表示执行元件,小写字母表示信号元件。

在数字命名法中,元件按照控制链分成几组,每一个执行元件连同相关的阀称为一个控制链。0 组表示能源供给元件,1、2 代表独立的控制链。表 2.7 给出了气动回路元件的命名。

表 2.7 气动回路图中元件的命名

英文字母命名		数字命名	
A、B、C 等	执行元件	1A、2A 等	执行元件
a1、b1、c1 等	执行元件在伸出位置时的行程开关	1V1、1V2 等	控制元件
a0、b0、c0 等	执行元件在缩回位置时的行程开关	1S1、1S2 等	输入元件(手动或机控阀)
		0Z1、0Z2 等	能源供给(气源系统)

2.5.2 常用气动回路

1. 方向控制回路

1)单作用汽缸换向控制回路

控制单作用汽缸的前进、后退必须采用二位三通阀。图 2.28(a)所示为单作用汽缸直接换向控制回路。按下按钮,活塞右移,压缩空气从 1 口流向 2 口,3 口遮断,活塞杆伸出;松开按钮,阀内弹簧复位,缸内压缩空气由 2 口流向 3 口排放,1 口被遮断,汽缸活塞杆在复位弹簧的作用下立即复位。图 2.28(b)是利用梭阀的控制回路。

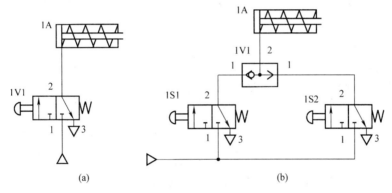

图 2.28 单作用汽缸换向控制回路

(a)直接控制 (b)利用梭阀控制

2)双作用汽缸换向控制回路

控制双作用汽缸的前进、后退可以采用二位四通阀,也可采用二位五通阀。图 2.29(a)所示为采用二位五通阀直接控制,按下按钮,压缩空气从 1 口流向 4 口进气,

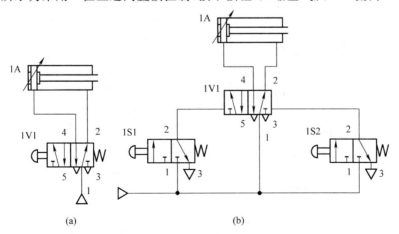

图 2.29 双作用汽缸换向控制回路

(a)直接控制 (b)间接控制

同时 2 口流向 3 口排气,活塞伸出;松开按钮,阀内弹簧复位,压缩空气由 1 口流向 2 口,同时 4 口流向 3 口排放,汽缸活塞缩回。图 3.29(b)所示为双作用汽缸间接控制回路,信号元件 1S1 或 1S2 只要发出信号,便可使阀 1V1 切换,控制汽缸伸出或缩回。

2. 速度控制回路

1)单作用汽缸的速度控制回路

图 2.30 为利用单向节流阀控制单作用汽缸活塞的回路。单作用汽缸前进速度控制只能用入口节流方式,如图 2.30(a)。单作用汽缸后退速度控制只能用出口节流方式,如图 2.30(b)。单作用汽缸前进与后退速度的控制可采用两个节流阀在入口及出口进行节流控制,如图 2.30(c)。

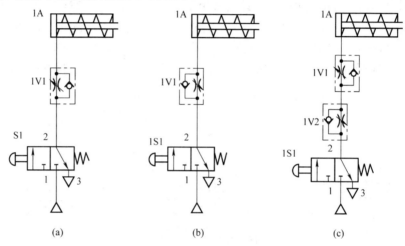

图 2.30　单作用汽缸速度控制

(a)汽缸前进速度控制　(b)汽缸后退速度控制　(c)双向速度控制

2)双作用汽缸的速度控制回路

图 2.31 为双作用汽缸速度控制回路。图 2.31(a)是采用二位四通阀的控制回

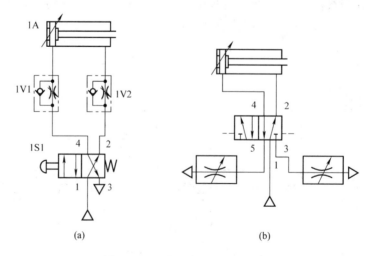

图 2.31　双作用汽缸的速度控制

(a)单向节流阀调速　(b)排气节流阀调速

路,它用单向节流阀实现排气节流速度控制。图 2.31(b)为排气节流双向调速控制,当外负载变化不大时,采用排气节流调速方式,进气阻力小,负载变化对速度影响小,比进气节流调速效果要好。

3. 其他回路

1)双手同时操作回路

双手同时操作回路指使用两个启动用的手动阀,只有同时按动两个阀才动作的回路,如图 2.32 所示。这种回路主要为了安全,在锻造、冲压机械上常用来避免误操作,以保护操作者的安全。

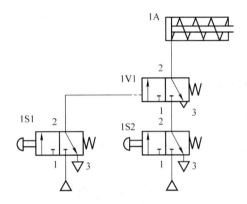

图 2.32　双手同时操作回路

2)同步控制回路

要求两个或两个以上的气动执行元件同步动作时,用同步控制回路来实现。图 2.33 为刚性连接的同步控制回路。在该回路中汽缸 A 和汽缸 B 的活塞杆通过一个刚性零件 C 连接在一起,以达到同步的目的。

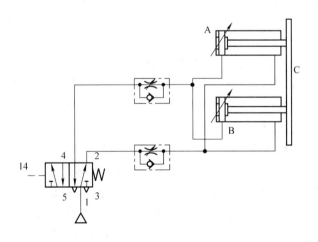

图 2.33　同步控制回路

3)单缸连续往返动作回路

双作用汽缸连续往返控制如图 2.34 所示。读者可自行分析。

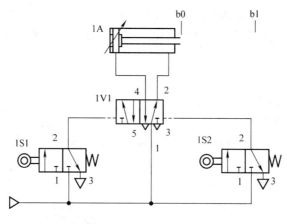

图 2.34　连续往返动作回路

2.6　电气气动控制

电气气动控制回路包括气动回路和电气回路两部分,气动回路一般指动力部分,电气回路指控制部分。电气控制回路主要由按钮、行程开关、继电器、电磁铁线圈等组成,通过按钮或行程开关使电磁铁通电或断电,实现控制电路接通或断开。

电气回路和气动回路应分开画,两个图的文字符号应一致,气动回路图按照习惯放置于电气回路图的上方或左侧。

在气动系统中常用的主控制阀有单电控二位三通换向阀、单电控二位五通换向阀、双电控二位五通换向阀和双电控三位五通换向阀等。双电控二位和三位五通换向阀是利用脉冲控制的,具有记忆功能,无须自保持,它们没有弹簧。单电控二位三通和二位五通换向阀是利用保持控制的,具有弹簧复位或弹簧中位,在控制电路中必须考虑互锁保护,可以考虑利用继电器实现记忆功能,这类阀应用较多。下面是一些常用的典型回路。

1. 单汽缸单往复运动回路

图 2.35 为利用单电控二位五通电磁阀控制单汽缸自动单往复控制回路,图 2.35(a)是动作流程,图 2.35(b)是气动回路,图 2.35(c)是电气回路。其中 SB1 为启动按钮,SB2 为停止按钮,a1 为行程开关,K 为继电器,YA 为电磁阀线圈。由 SB1、SB2 和继电器线圈及并联在 SB1 两端的继电器触点组成自保电路,即按钮 SB1 按下松开后,继电器线圈仍能保持通电状态。行程开关的常闭触点串在自保电路中,当活塞杆压下行程开关 a1,能切断自保电路,活塞退回。具体动作过程如下:按下启动按钮 SB1,继电器线圈 K 得电,其常开触点闭合,继电器 K 自保,同时电磁阀线圈 YA 通电,控制电磁阀换向,活塞前进,活塞杆伸出;当活塞杆压住行程开关 a1,切断自保电路,继电器线圈断电,其触点复位,同时电磁阀线圈断电,弹簧作用下活塞后退。

2. 单汽缸自动连续往复回路

图 2.36 为双电控二位五通电磁阀控制单汽缸自动连续往复控制回路。图中行程开关 a0 和 a1 均以常开触点的形式接在回路中,系统在未启动时,活塞在初始位置,a0 被活塞杆压住,故其初始状态为接通。当按下按钮 SB1 时,电磁阀 YA1 线圈

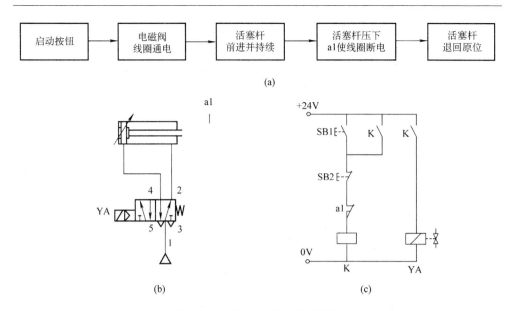

图 2.35 单汽缸自动单往复回路

(a)动作流程图 (b)气动回路图 (c)电气回路图

通电,电磁阀换向,活塞杆前进。当活塞前进压下 a1 时,电磁阀线圈 YA2 通电,电磁阀复位,活塞后退。活塞后退再次压下 a0 时,YA1 又得电,重复上述过程。

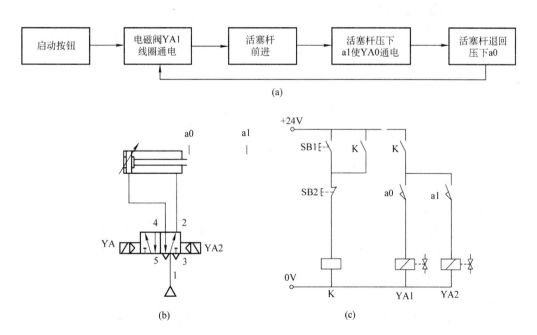

图 2.36 双电控电磁阀控制单汽缸自动连续往复回路

(a)动作流程图 (b)气动回路图 (c)电气回路图

3. 单汽缸延时单往复回路

图 2.37 为单电控二位五通电磁阀控制单汽缸延时单往复控制回路。在电气回路中增加了时间继电器 T,其线圈与行程开关 a1 的常开触点串联,动断触点串在继

电器 K 线圈回路。具体动作过程如下:按下按钮 SB1,继电器 K 线圈通电,其常开触点闭合,自保并使电磁阀线圈通电,活塞前进(伸出)。当活塞杆压下行程开关 a1,时间继电器 T 线圈通电,开始延时;延时时间到,T 触点断开,使继电器 K 线圈断电,触点复位,电磁阀线圈断电,活塞后退;当活塞杆一离开 a1,时间继电器线圈又断电,其常闭触点复位,为下次动作做准备。

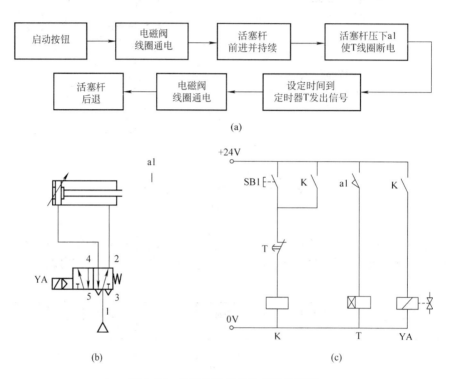

图 2.37　单汽缸延时单往复运动回路

(a)动作流程图　(b)气动回路图　(c)电气回路图

4. 双汽缸动作控制回路

两个双作用汽缸 A、B 的动作顺序为 A(＋)→B(＋)→B(－)→A(－),"＋"表示汽缸杆伸出,"－"表示汽缸杆缩回。图 2.38(a)为气动回路图,两汽缸分别由双电控二位五通阀 YA 和 YB 控制。图 2.38(b)为电气回路图,两个汽缸由同一个继电器 K 控制,其常开触点控制 A 汽缸电磁阀,常闭触点控制 B 汽缸电磁阀。行程开关 a0 的常闭触点与继电器 K1 常闭触点串联,共同控制电磁阀 YA0 和 YB0,以防止在未按下启动按钮 SB1 之前,电磁阀线圈 YA0 和 YB0 通电。因为此时 a0 常闭触点被活塞杆压下处于断开状态。

具体动作过程如下:按下启动按钮,继电器 K 线圈通电并自保,同时电磁阀线圈 YA1 通电,A 缸活塞杆伸出;K1 常闭触点断开,断开 YA0 和 YB0 线圈电路。当 A 缸活塞杆伸出压下行程开关 a1,a1 常开触点闭合,电磁阀线圈 YB1 通电,B 缸活塞杆伸出;当 B 缸活塞杆压下行程开关 b1 时,K 线圈断电,其触点复位,则 YB0 线圈得电,B 缸活塞杆缩回;B 缸缩回压下行程开关 b0,b0 常开触点闭合,电磁线圈 YA0 通电,A 缸缩回,压下 a0,a0 常闭触点断开。至此,这一动作过程结束。若要重复 A、B 缸动作顺序,必须重新按下启动按钮。

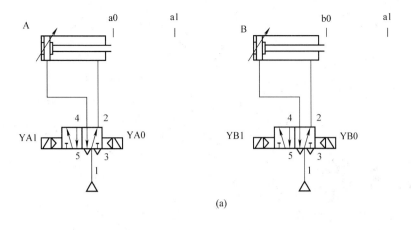

(a)

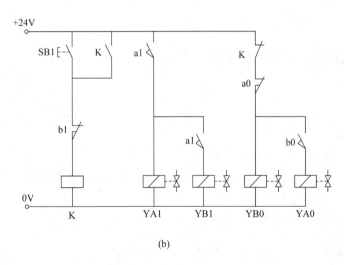

(b)

图 2.38　双汽缸动作回路

(a) 气动回路图　(b) 电气回路图

第3章

传感器应用基础

学习目标

1. 了解传感器的组成和特性。
2. 了解电感、电容和光电传感器的基本结构和工作原理。
3. 了解磁感应传感器的结构和工作原理。
4. 掌握几种传感器的使用。

传感器是一种检测装置,将感受到的被测量信息按一定规律变换成为电信号或其他所需形式的信息输出,以满足信息的传输、处理、存储、显示、记录和控制等要求。传感器一般处于研究对象或检测控制系统的最前端,是感知、获取与检测信息的窗口。

根据国家标准 GB 7665—87 对传感器定义,传感器指能感受规定的被测量,并按照一定的规律转换成可用信号的器件或装置,通常由敏感元件和转换元件组成。

传感器的应用领域涉及机械制造、工业过程控制、汽车电子产品、通信电子产品、消费电子产品和专用设备等方面。

3.1 传感器的基本知识

传感器的基本功能是检测信号和进行信号转换。传感器的输出量通常是电信号,它便于传输、转换、处理和显示等。电信号有多种形式,如电压、电流、电容和电阻等。

3.1.1 传感器的组成

传感器一般由敏感元件、转换元件和信号调理转换电路 3 部分组成,有时还需外加辅助电源提供转换能量,如图 3.1 所示。

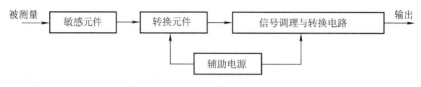

图 3.1　传感器的组成

敏感元件指传感器中能直接感受或响应被测量,并且输出与被测量成一定关系的某一物理量的元件。

转换元件是指传感器中能将敏感元件感受或响应的被测量,转换成适合于传输或测量的电信号的部分。有时敏感元件和转换元件的功能是由一个元件(敏感元件)实现的。

信号调理与转换电路将敏感元件或转换元件输出的电路参数转换、调理成一定形式的电量输出。由于传感器输出信号一般都很微弱,因此需要进行信号调理与转换、放大、运算与调制之后才能进行显示和参与控制。

辅助电源为无源传感器的转换电路提供电能。

3.1.2　传感器的分类

传感器种类繁多,原理各异,从不同的角度有不同的分类方法。下面介绍几种常用的分类方法。

1. 按被测参数分类

被测参数即为输入量,如对温度、压力、位移、速度等被测参数测量,按输入量相应的分为温度传感器、压力传感器、位移传感器和速度传感器等。

2. 按工作原理分类

按工作原理,传感器可分为物理传感器和化学传感器两类。物理传感器应用的是物理效应,诸如压电效应、磁致伸缩现象、离化、极化、热电、光电、磁电等效应。化学传感器包括那些以化学吸附、电化学反应等现象为因果关系的传感器。

3. 按能量转换方式分类

按转换元件的能量转换方式,传感器分为有源型和无源型两类。有源型也称能量转换型或发电型,它把非电量直接变成电压量、电流量和电荷量等,如磁电式、压电式、光电式、热电偶等。无源型也称能量控制型或参数型,它把非电量变成电阻、电容和电感等。

4. 按输出信号分类

按输出信号传感器分为模拟传感器、数字传感器和开关传感器。

5. 按输入、输出特性分类

按输入、输出特性传感器分为线性和非线性两类。

6. 按用途分类

按用途传感器可分为压敏和力敏传感器、位置传感器、液面传感器、能耗传感器、速度传感器、加速度传感器、射线辐射传感器、振动传感器、真空度传感器和生物传感器等。

3.1.3　传感器的技术术语与指标

1. 开关量传感器技术术语

(1)触点。接近开关触点的概念沿用了机械开关触点的名称,在功能上与机械触点类似,即接通或断开电信号。

(2)常开触点。在常态下,即在没有物体接近的时候,传感器的输出呈截止状态,输出为低电平("0"电平)。

(3)常闭触点。在常态下,即在没有物体接近的时候,传感器的输出呈导通状态,对于正逻辑输出型传感器输出为"1"电平,对于负逻辑型传感器则输出为"-1"电平。

(4)正逻辑输出。传感器导通时,信号输出端输出为高电平。负载须接在信号输出端与电源负极之间。厂家一般称此种输出为 PNP 型输出。

(5)负逻辑输出。传感器导通时,信号输出端输出为低电平。负载须接在信号输出端与电源正极之间。厂家一般称此种输出为 NPN 型输出。

2. 主要技术指标

(1)动作距离。也称为开关距离,在检测状态下,当被测物体在移向接近开关的过程中并引起接近开关动作时,测得的被测物体的检测面与接近开关的感应面之间的距离。

(2)复位距离。指在检测状态下被测物体逐渐远离接近开关的过程中,当接近开关由动作状态复位到常态时,测得的被测物体的检测面与接近开关的感应面之间的距离。

(3)额定动作距离。又称为额定开关距离,是接近开关能够稳定达到的标准动作距离,它是产品出厂时的标称值。

(4)设定距离。指在实际应用中,设定的接近开关的实际检测距离。一般调整为额定动作距离的 0.8 倍。

(5)回差值。指动作距离与复位距离之间的绝对值。

(6)重复定位精度。连续测量 10 次动作距离,其中最大值与最小值之差即为重复定位精度。

(7)最大开关频率。指接近开关每秒可动作的最高次数。

(8)最大开关电流。指接近开关"触点"允许通过的最大电流。

(9)工作电压。指能够保证接近开关正常工作的电压范围。

3. 接线形式

传感器的常用输出形式有 NPN 二线,NPN 三线,NPN 四线,PNP 二线,PNP 三线,PNP 四线,AC 三线,AC 五线,直流 NPN、PNP、常开、常闭等多种。传感器的接线形式如表 3.1 所示。

表 3.1　传感器的接线形式

名称	符号	说明
二线传感器	红/棕 — R — DC10～30 V；蓝 — DC 0V	直流二线
	红/棕 — AC 90～250 V；蓝	交流二线
三线传感器	红/棕 — DC 10～30 V；黄/黑 — R；蓝/蓝 — DC 0 V	直流三线 NPN 输出
	红/棕 — DC 10～30 V；黄/黑 — R；蓝/蓝 — DC 0 V	直流三线 PNP 输出
四线传感器	红/棕 — DC10～30 V；黄/白；黑；蓝 — DC 0 V	直流四线 NPN 输出 所有输出信号为"低电平"
	红/棕 — DC10～30 V；黄/白；黑；蓝 — DC 0 V	直流四线 PNP 输出 所有输出信号为"高电平"
五线传感器	红 — AC 90～250 V；蓝；棕；黑；黄	红色和蓝色接交流电源,棕、黑、黄为传感器输出。棕色线为输出信号公共端,黄色为输出信号常开(ON),黑色输出为常闭(OFF)

3.2　光电传感器

　　光电传感器把光信号转变为电信号,不仅可测光的各种参量,还可把其他非电量变换为光信号以实现检测与控制。因此,光电传感器又称为光敏传感器,或光电探测器,它属于无损伤、非接触测量元件,具有灵敏度高、精度高、测量范围广、响应速度快、体积小、重量轻、寿命长、可靠性高等特点。图 3.2 所示为一些光电传感器的实物外形。

图 3.2 光电传感器实物外形

光电式传感器一般由光源、光学元件和光电元件 3 部分组成。光电式传感器的物理基础是光电效应,它可用于检测直接引起光量变化的非电量,如光强、光照度、辐射测量、气体成分分析等;也可以用于检测能转化成光量变化的其他非电量,如直径、表面粗糙度、应变位移、振动、速度、加速度以及物体形状、工作状态的识别等。

光电传感器按照光源、被测物和光电元件 3 者的关系,可分为 4 种类型,如图 3.3 所示。

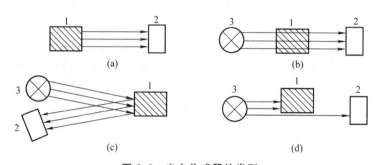

图 3.3 光电传感器的类型
(a)被测物发光　(b)被测物透光　(c)被测物反光　(d)被测物遮光
1—被测物　2—光敏元件　3—恒光源

(1)被测物发光。被测物为光源,可检测发光物的某些物理参数。

(2)被测物反光。可检测被测物体表面性质参数,如光洁度计。

(3)被测物透光。可检测被测物与吸收光或投射光特性有关的某些参数,如浊度计和透明度计等。

(4)被测物遮光。可检测被测物体的机械变化,如测量物体的位移、振动、尺寸和位置等。

光电传感器按输出信号分为开关式和模拟式。模拟式光电传感器的输出量为连续变化的光电流,因此在应用中要求光电器件的光照特性呈单值线性,光源的光照要求保持均匀稳定,主要用于光电式位移计、光电比色计等。开关式光电传感器的输出信号对应于光电信号"有"、"无"受到光照两种状态,即输出特性是断续变化的开关信号。这种传感器又称为光电式接近开关,主要用于转速测量、模拟开关和位置开关等。光电式接近开关根据检测方式可分为反射式和对射式两种。下面主要介绍光电式接近开关的结构、工作原理及应用。

3.2.1　对射式光电传感器

对射式光电传感器的光发射器和光接收器处于相对位置,面对面安装。图 3.4 所示为对射式光电传感器的结构原理图,图 3.4(a)为光发射与光接收器分体的结构,图 3.4(b)为光发射器与光接收器一体的结构。光纤(探头)共有两根,一根用于导出光线,一根用于导入光线,其作用只是传导光。注意光纤在安装和使用中,不能将其折成"死弯"或使其受到其他形式的损伤。

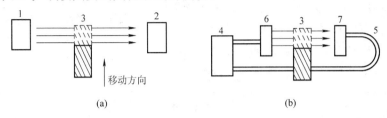

图 3.4　对射式光电传感器

(a)分体式　(b)一体式

1—光发射器　2—光接收器　3—被测物体　4—传感器主体　5—光纤　6—光发射端　7—光接收端

如果没有被检测物体通过传感器光路,光路畅通,光发射器发出的光线直接进入接收器。若有物体通过光路,发射器和接收器之间的光线被阻断,引起传感器输出信号的变化。因此,对射式光电传感器是检测不透明物体最可靠的检测模式。如安装在 MPS 供料单元送料模块料仓中的对射式光电传感器,就用于检测料仓中有无工件。

技 能 训 练 2

任务　熟悉对射式光电传感器的应用

做什么

(1)找出 MPS 系统中使用的对射式光电传感器。

仔细观察 MPS 的 5 个工作单元,找出所使用的对射式光电传感器,记录数量和安装位置。

(2)分析对射式光电传感器的作用。

* 在对射式光电传感器的发射端和接收端之间分别插入白纸、玻璃、塑料、液体、金属等不同材质的物体,观察传感器的输出信号;

* 使被测物质位于传感器发射端和接收端之间的不同角度,观察传感器的信号变化。

结论

(1)对射式光电传感器几乎可以检测所有的物质。

(2)对于透明物质,在减小发射光的强度下检测可靠性较高;但对于表面光洁无摩擦的透明塑料物质,是不可能检测到的。

(3)发射光强度越小,检测距离就会变小。

3.2.2　反射式光电传感器

反射式光电传感器的发射端和接收端是做在一起的,在工业生产中用的最多的是漫反射式和镜反射式光电传感器。

1. 漫反射式光电传感器

漫反射式光电传感器的发射器和接收器集于一体,如图 3.5 所示,二者处于同一侧位置,利用光照射到被测物体上后反射回来的光线而工作。由于没有反光板,正常情况光发射器发射的光,接收器是无法接收到的,只有当被检测物经过时,将光发射器发射的光部分反射回来,使光接收器得到光信号,传感器就产生输出信号。对于表面光亮或其反射率极高的被检测物体,漫反射式光电传感器是首选的检测模式。

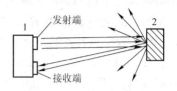

图 3.5　漫反射式光电传感器

1—传感器主体　2—被测物体

技 能 训 练 3

任务　熟悉漫反射式光电传感器的应用

做什么

(1)找出 MPS 系统中使用的漫反射式光电传感器。

仔细观察 MPS 的 5 个工作单元,找出所使用的漫射式光电传感器,记录数量和安装位置。

(2)分析漫反射式光电传感器的作用。

• 在成品分装单元中,不同材质和颜色的工件要区分开。用漫反射式光电传感器检测不同工件的材质和颜色,注意观察传感器的信号。

• 使被测物质位于漫反射式光电传感器检测的不同角度,观察传感器的信号变化。

• 调整安装位置和方向,然后对物体进行检测,观察传感器信号变化。

结论

(1)漫反射式光电传感器的检测特性与介质表面的反射率有很大关系。

(2)漫反射式传感器对于距离比较敏感。

(3) 如果传感器位置安装不当,可能检测不到信号,或传感器信号不稳定。

---

2. 镜反射式光电传感器

镜反射式光电传感器也是发射器和接收器集于一体,二者处于同一侧位置,在其相对位置安置一个反光镜。图 3.6 为镜反射式光电传感器结构原理。利用光反射镜,发射器发出的光线经过反射回到光接收器。在光的传输路上如果没有被检测物体,则接收器可以接收到发射器发出的光线。如果在光的传输路上有被检测物体,则接收器接收不到光线,引起传感器输出信号的变化。

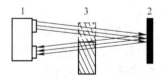

图 3.6　镜反射式光电传感器

1—传感器主体　2—反射镜
3—被测物体

技　能　训　练 4

任务　熟悉镜反射式光电传感器的应用

做什么

（1）找出 MPS 系统中使用的镜反射式光电传感器。

仔细观察 MPS 的 5 个工作单元,找出所使用的镜反射式光电传感器,记录数量和安装位置。

（2）分析镜反射式光电传感器的作用。

- 在检测单元中,镜反射式光电传感器作为安全检测之用。在光发射端和反射镜之间放入物体,观察传感器信号变化。

- 使被测物质位于镜反射式光电传感器检测的不同角度,观察传感器的信号变化。

- 调整安装位置和方向,然后对物体进行检测,观察传感器信号变化。

结论

（1）镜反射式光电传感器可以直接检测不透明的物质;但是如果被检测物质表面很光洁且导入时与光轴正交（90°）,有可能不能正常检测。

（2）反射镜的位置比较容易安装。

（3）镜反射式光电传感器的检测距离较大。

3.2.3　光电传感器的应用

1. 符号

光电传感器的符号如图 3.7 所示。

2. 安装要求

光电传感器安装时有如下要求。

（1）不能安装在水、油、灰尘多的地方。

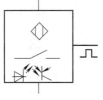

（2）回避强光及室外太阳光等直射的地方。传感器的接收端不能直接正对很强的光源（如太阳光、大功率电灯　**图 3.7　光电传感器符号**或其他光源）。一般解决办法是用工件挡住强光,或将传感器旋转一定角度安装。

（3）消除背景物的影响。如果被测物体是可以透光的介质,当光线穿过被测物体后,可能会被其后面的背景物反射回来,影响传感器的检测精度和测量效果。一般解决方法是在接收端的一侧安装一块遮光板,阻挡反射的光线进入传感器接收端,从而避免传感器的误动作。

3. 使用注意事项

光电传感器使用时应注意如下事项。

（1）对射式光电传感器并置使用时,相互间隔维持在检测距离 0.4 倍以上。

（2）反射式光电传感器并置使用时,相互间隔维持在检测距离的 1.4 倍以上。

（3）反射式光电传感器检测距离受检测物质的材质、大小和表面反射率的影响。

3.3　电感式传感器

电感式传感器是利用线圈自感或互感系数的变化来实现非电量电测的一种装置，能对位移、压力、振动、应变、流量等参数进行测量。它具有结构简单、灵敏度高、输出功率大、输出阻抗小、抗干扰能力强及测量精度高等一系列优点，因此在机电控制系统中得到广泛的应用。图3.8所示为常用的一些电感式传感器的实物外形。

图 3.8　电感式光电传感器的实物

电感式传感器种类很多，一般分为自感式和互感式两大类。习惯上讲的电感式传感器通常指自感式传感器。

3.3.1　电感式传感器的工作原理

电感接近式传感器属于一种有开关量输出的位置传感器，又称为电感式接近开关，主要由LC振荡器、开关电路及放大输出电路3部分组成，如图3.9所示。电感

图 3.9　电感式接近开关组成

式传感器在接通电源且无金属工件靠近时，其头部产生自激振荡的磁场，如图3.10所示。当金属目标接近这一磁场，并达到感应距离时，在金属目标内产生涡流，从而导致振荡衰减，以至停振。振荡器振荡及停振的变化被后级放大电路处理并转换成开关信号，触发驱动控制器件，由此识别出有无金属物体接近，进而控制开关的通或断，从而达到非接触式检测的目的。这种接近开关所能检测的物体必须是金属物体。

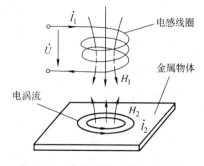

图 3.10　电感式传感器工作原理

3.3.2　电感式传感器的应用

1. 符号

电感式传感器的符号如图 3.11 所示。

2. 使用注意事项

使用电感式传感器时应注意如下事项。

(1)电感式接近传感器只对金属物质敏感，不能

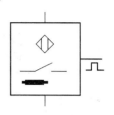

图 3.11　电感传感器的符号

应用于非金属物质检测。

(2)电感式传感器的接通时间为 50 ms，当负载和传感器采用不同电源时，务必先接通电感式传感器的电源。

(3)当使用感性负载时，其瞬态冲击电流过大，会损坏或劣化交流二线的电感式传感器，这时需要经过交流继电器作为负载来转换使用。

(4)对检测正确性要求较高的场合或传感器安装周围有金属对象的情况下，需要选用屏蔽式电感性接近传感器，只有当金属对象处于传感器前端时才触发传感器状态的变化。

(5)电感式接近传感器的检测距离会因被测对象的尺寸、金属材料，甚至金属材料表面镀层的种类和厚度不同而不同；因此，使用时应查阅相关的参考手册。

(6)避免电感式传感器在化学溶剂中，尤其是强酸、强碱的环境下使用。

技 能 训 练 5

任务　熟悉电感式传感器的应用

做什么

(1)找出 MPS 系统中使用的电感式传感器。

仔细观察 MPS 的 5 个工作单元，找出所使用的电感式传感器，记录数量和安装位置。

(2)分析电感式传感器的作用。

• 在成品分装单元中，采用电感式传感器检测工件的材质。分别将塑料和金属工件慢慢移近电感式传感器，观察传感器信号变化。

• 在加工单元电感式接近开关用于旋转工作台的定位，驱动工作台旋转，观察传感器信号的变化。

• 使被测物质位于传感器检测的不同角度和距离，观察传感器的信号变化。

• 调整安装位置和方向，然后对物体进行检测，观察传感器信号变化。

3.4　电容式传感器

电容式传感器是以各种类型的电容作为敏感元件，将被测物理量的变化转换为电容量的变化，再由转换电路(测量电路)转换为电压、电流或频率，以达到检测的目的。因此，凡是能引起电容量变化的有关非电量，均可用电容式传感器进行电测变换。图 3.12 所示为常见的电容式传感器实物。

图 3.12　电容式传感器的实物

电容式传感器不仅能测量荷重、位移、振动、角度、加速度等机械量,还能测量压力、液面、料面、成分含量等热工量。电容式传感器可分为变极距型、变面积型和变介电常数型 3 种。电容传感器具有结构简单、灵敏度高、动态特性好等一系列优点,在机电控制系统中占有十分重要的地位。

3.4.1　电容式传感器工作原理

电容式接近开关亦属于一种具有开关量输出的电容传感器,其检测物体既可以是金属导体,也可以是绝缘的液体或粉状物体。图 3.13 所示为电容式传感器的结构原理,它的检测面由两个同轴金属电极构成,相当于打开的电容器电极,该电极串接在 RC 振荡回路中。图 3.13(a)中,电容式传感器在接通电源且无检测物体时,在电容 C 两端(两个极板)的电荷大小相等、极性相反,传感器表面所产生的静电场是平衡的。图 3.13(b)中,当被测物体接近电容式传感器的端部,其端部原有的平衡电场被打破,使得传感器内部的振荡器工作,再经过放大、比较,传感器输出信号变化表明已经检测到物体。

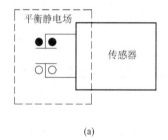
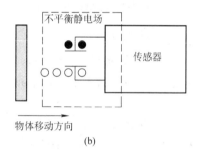

图 3.13　电容式传感器的结构原理
(a)被测物体未接近传感器　(b)被测物体接近传感器

3.4.2　电容式传感器的应用

1. 符号

电容式传感器的符号如图 3.14 所示。

2. 使用注意事项

电容式传感器使用时应注意如下事项。

(1)当检测物体为非金属时,要减小检测距离。

(2)电容式传感器的接通时间为 50 ms,当负载和传感器采用不同电源时,务必先接通电容式传感器的电源。

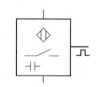

图 3.14　电容式传感器的符号

(3)当使用感性负载时,其瞬态冲击电流过大,会损坏或劣化交流二线的电容传感器,这时需要经过交流继电器作为负载来转换使用。

（4）勿将电容式传感器置于磁通密度大于或等于 0.02 T 的直流磁场环境下使用，以免造成误动作。

（5）避免电容式传感器在化学溶剂，尤其是强酸、强碱的环境下使用。

（6）电容式传感器极板之间的空气隙很小，存在介质被击穿的危险，通常在两极板间加云母片避免空气隙被击穿。

（7）电容式传感器的电容值均很小，一般在皮法（10^{-12} F）级，连线时应采用分布电容极小的高频电缆。

技 能 训 练 6

任务　电容式传感器的应用

做什么

（1）找出 MPS 系统中使用的电容传感器。

仔细观察 MPS 的 5 个工作单元，找出所使用的电容传感器，记录数量和安装位置。

（2）分析电容式传感器的作用。

- 在检测单元中，电容式传感器用于识别工件的颜色和材质。将不同材质和颜色的工件慢慢移近电容式传感器，观察传感器信号变化。
- 使被测物质位于电容式传感器不同的检测角度，观察传感器的信号变化。
- 调整安装位置和方向，然后对物体进行检测，观察传感器信号变化。

结论

（1）电容式传感器可以检测任何物质，即任何物质接近传感器时，信号都会发生变化。

（2）当检测物体是非金属时，检测距离要减小。

3.5　磁感应传感器

磁感应传感器是一种将磁信号转换为电信号的器件或装置，图 3.15 为磁感应传感器实物示意图。磁感应传感器具有体积小、惯性大、动作快等优点。

图 3.15　磁感应传感器实物

3.5.1　磁感应传感器工作原理

磁感应传感器是一种触点传感器，图 3.16 为其结构原理图。它由两片具有高导磁和低矫顽力的合金簧片组成，并密封在一个充满惰性气体的玻璃管中。两个簧片之间保持一定的重叠和适当的间隙，末端镀金作为触点，管外焊接引信。当传感器所处位置的磁感应强度足够大，两簧片相互吸引而使触点导通；当磁场减弱到一定程度时，在簧片本身弹力的作用下而释放。

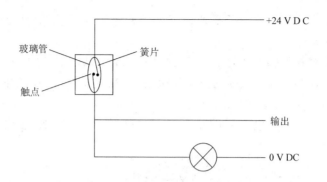

图 3.16　磁感应传感器结构原理

　　磁感应传感器用永久磁铁驱动时,多作检测之用,如作为限位开关使用,取代靠碰撞接触的行程开关,可提高系统的可靠性和使用寿命,在 PLC 控制器中常用作位置控制的通讯信号。

3.5.2　磁感应传感器的应用

　　1. 符号

　　磁感应传感器的符号如图 3.17 所示。输出状态分常开、常闭和锁存,输出形式有 NPN 和 PNP。与前面介绍的传感器一样,有交流、直流,2 线、3 线、4 线及 5 线等接线形式。

　　2. 使用注意事项

　　使用磁感应传感器时应注意如下事项。

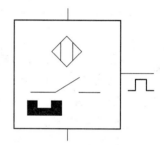

图 3.17　磁感应接近开关符号

　　(1)直流型磁感应传感器所使用电压为 3~30 V DC,一般应用范围为 5~24 V DC。过高的电压会引起内部元器件升温而变得不稳定;但电压过低,容易受外界温度变化影响,从而引起误动作。

　　(2)使用时,必须在接通电源前检查接线是否正确,电压是否为额定值。

技 能 训 练 7

任务　磁感应传感器的应用训练

做什么

　　(1)找出 MPS 系统中使用的磁感应传感器。

　　仔细观察 MPS 的 5 个工作单元,找出所使用的磁感应传感器,记录数量和安装位置。

　　(2)分析磁感应传感器的作用。

　　· 汽缸活塞的两个运行位置可以用两个磁感应传感器来检测。

　　· 在操作手单元中,在磁性无杆汽缸的两端分别安装有磁感应传感器,以检测操作手运行位置。控制操作手的运行位置,观察传感器信号变化。

　　· 调整传感器安装位置,然后移动操作手,观察传感器信号变化。

结论

　　磁感应传感器只能检测磁性介质,检测范围与磁场强度有关。磁场越强,范围越大。

第4章

S7—300 PLC 硬件结构与系统特性

学习目标

1. 了解 PLC 的工作原理和基本结构。

2. 熟悉 SIMATIC S7—300 组态的基本部件和使用规范。

3. 熟悉 SIMATIC 管理器的项目结构,能够用 SIMATIC 管理器生成新项目,完成基本操作。

4. 能够生成硬件站的组态并赋值参数,能够使用 LAD/FBD/STL 编辑器。

4.1 PLC 的结构与工作原理

可编程控制器简称为 PLC(Programmer Logic Controller),是近年来迅速发展并广泛应用的新一代工业控制器。它以微处理器为核心,综合了计算机技术、自动控制技术和通信技术,具有体积小、功能强、灵活通用、抗干扰能力强、编程简单和维护方便等特点。

西门子公司的 PLC 以较高的性能价格比,在国内占有很大的市场份额,在我国的各行各业得到了广泛应用。西门子 PLC 主要产品有 S7、M7、C7 及 WinAC(PC 插卡式 PLC)等几大系列,其中 S7 系列 PLC 又有 S7—200、S7—300 及 S7—400 等几个子系列。本章以 SIMATIC S7—300 PLC 为教学对象。

4.1.1 PLC 的分类

PLC 发展到今天已经有多种类型,不同生产厂家的产品各有不同的特点,它们在功能、内存容量、外观等方面存在较大差异。一般按以下原则进行分类。

1. 按结构形式分类

按结构形式 PLC 可分为整体式和模块式两类。

整体式(如图 4.1(a))把 PLC 各组成部分安装在一起或安装在少数几块印刷电

路板上,并连同电源一起装在机壳内形成一个单一的整体,称之为主机或基本单元。小型和超小型 PLC 采用这种结构。

模块式(如图 4.1(b))把 PLC 各基本组成做成独立的模块。中型和大型 PLC 采用这种方式。这种结构的优点是便于维修。

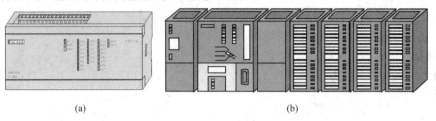

图 4.1 PLC 结构形式

(a)整体式 (b)模块式

2. 按 I/O 点数及内存容量分类

按 I/O 点数及内存容量可将 PLC 分为微型、小型、中型、大型和超大型 5 种。微型 PLC 的 I/O 点数仅几十点(<100);小型 PLC 的 I/O 点数一般在 256 以下,内存容量小于 4 K 字,常采用整体式结构,如西门子 S7—200 PLC;中型 PLC 的 I/O 点数一般不大于 2 048 点,内存容量达到 2～8 K 字,采用模块式结构,如西门子 S7—300 PLC;大型 PLC 的 I/O 点数在 2 048 点以上,内存容量达到 8～16 K 字,采用模块式结构,如西门子 S7—400 PLC;超大型 PLC 的 I/O 点数可达上万,甚至几万点。

3. 按控制功能分类

按 PLC 实现的功能不同,可分为低档机、中档机和高档机 3 类。低档 PLC 具有基本的控制功能和一般的运算能力,工作速度比较低,能带的输入和输出模块较少。中档 PLC 具有较强的控制功能和较强的运算能力,不仅能完成一般的逻辑运算,也能完成较复杂的三角函数、指数和 PID 运算,其工作速度较快,能带的输入和输出模块数量和种类也较多,如西门子 S7—300 PLC。高档 PLC 具有强大的控制能力和运算能力,不仅能完成逻辑运算、三角函数、指数和 PID 运算,还能进行复杂的矩阵运算,其工作速度很快,能带的输入和输出模块数量和种类不仅多而全面。

4.1.2 S7—300 PLC 的基本结构

西门子 S7—300 属于模块式 PLC,主要由机架、CPU 模块、电源模块、信号模块、功能模块、接口模块、编程设备等组成,如图 4.2 所示。各模块安装在机架上,通过

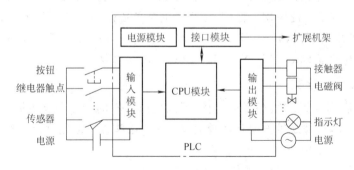

图 4.2 PLC 基本结构

CPU 模块或通信模块上的通信接口,PLC 被连接到通信网络上,可以与计算机、其他 PLC 或其他设备通信。

1. 中央控制处理单元(CPU 模块)

CPU 模块是 PLC 的核心组成部分,一般由控制器、运算器和存储器组成,它们集成在一个芯片上,通过地址总线、数据总线与 I/O 接口电路相连接。CPU 不断地采集输入信号,执行用户程序,刷新系统输出。模块中的存储器用来存储程序和数据,分为系统存储器和用户存储器。系统存储器存放系统管理程序;用户存储器存放用户编制的控制程序。

2. 输入/输出模块

输入模块和输出模块一般简称为 I/O 模块,是 CPU 和外部设备联系的桥梁。

输入模块用来接收和采集输入信号。数字量输入模块用来接收各种开关、按钮和传感器等数字信号;模拟量输入模块用来接收电位器、测速发电机和各种变送器提供的模拟电压或电流信号。

输出模块用来连接工业现场被控对象中各种执行元件。数字量输出模块用来控制接触器、电磁阀和指示灯数字显示装置等输出设备;模拟量输出模块用来控制电动调节阀和变频器等执行器。

3. 接口模块

接口模块用于实现中央机架与扩展机架之间的通信,有的还为扩展机架供电。

4. 功能模块

功能模块主要用于完成某些对实时性和存储容量要求较高的控制任务。

5. 电源模块

PLC 一般使用 AC 220 V 电源或 DC 24 V 电源。电源模块用于将输入电压转换为 DC 24 V 电压和背板总线上的 DC 5 V 电压,供其他模块使用。

6. 编程设备

利用编程设备可将用户程序输入 PLC 的存储器,还可以检查程序,修改程序,监视 PLC 的工作状态,但它不直接参与现场控制运行。某些 PLC 配有手持型编程器,目前一般由计算机(运行编程软件)充当编程设备。

7. 其他设备

PLC 还可配置 EPROM 写入器和存储卡等其他外部设备。

4.1.3　PLC 的工作原理

PLC 是一种工业控制计算机,通过执行用户程序来实现控制要求。PLC 的 CPU 采用顺序扫描用户程序的运行方式,即 CPU 从第一条指令开始,按照顺序逐条地执行用户程序直到用户程序结束,然后返回第一条指令开始新的一轮扫描,周而复始的循环扫描工作。PLC 不断顺序循环扫描的工作方式与继电器控制系统不同。如果一个输出线圈或逻辑线圈被接通或断开,则该线圈的所有触点不会立即动作,必须等到扫描该触点时才会动作。PLC 每次扫描所用的时间称为扫描周期。

1. PLC 的工作过程

PLC 工作的全过程可分为 3 个阶段。

1)上电处理

PLC上电后对系统进行一次初始化,包括硬件初始化,I/O模块配置运行方式检查,停电保持范围设定及其他初始化处理过程。

2)扫描过程

PLC上电处理完后进行扫描工作过程。首先完成输入处理,其次完成与其他外设的通信处理,再次进行时钟和特殊寄存器的更新。当CPU处于STOP方式时,转入执行自诊断检查。当CPU处于RUN方式时,还要完成用户程序的执行和处理,再转入执行自诊断检查。

3)出错处理

在PLC的每个扫描周期都要执行一次自诊断检查,以确定PLC自身的动作是否正常,如CPU、电池电压、程序存储器、I/O和通信等是否异常或出错。若检查出异常,CPU面板上的LED及异常继电器会接通,在特殊寄存器中会存入出错代码。当出现致命错误时,CPU会被强制为STOP模式,所有扫描停止。

2. PLC的扫描过程

当PLC处于正常运行模式时,如果不考虑远程I/O特殊模块和其他通信服务,则不断重复输入采样、用户程序执行和输出刷新这3个阶段,如图4.3所示。在整个运行期间,PLC的CPU以一定的扫描速度重复执行上述3个阶段。

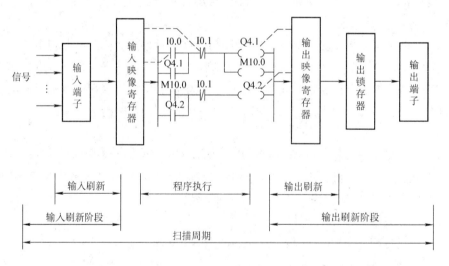

图4.3　PLC扫描工作过程

1)输入采样阶段

在输入采样阶段,PLC以扫描方式依次地读入所有输入状态和数据,并将它们存入相应输入映象区内内。输入采样结束后,转入用户程序执行和输出刷新阶段。在这两个阶段中,即使输入状态和数据发生变化,输入映像寄存器区中的状态和数据也不会改变。因此,如果输入是脉冲信号,则该脉冲信号的宽度必须大于一个扫描周期,才能保证在任何情况下该输入均能被读入。

2)用户程序执行阶段

在用户程序执行阶段,PLC总是按先左后右、先上后下的顺序依次地扫描用户程序(梯形图)。当指令中涉及输入、输出状态时,PLC就从输入映像寄存器中读入上一阶段采入的对应端子状态,从元件映像寄存器读入对应元件(软继电器)的当前状态,然后进行相应的运算,运算结果再存入元件映像寄存器中。对元件映像寄存器来说,每一个元件(软继电器)的状态会随着程序执行的过程而变化。

3)输出刷新阶段

当扫描用户程序结束后,将输出映像寄存器的通/断状态向输出锁存寄存器传送,成为可编程控制器的实际输出,即输出刷新阶段。

3. PLC的I/O响应时间

所谓I/O响应时间指从PLC的某一输入信号变化开始到系统有关输出端信号的改变所需的时间。为了增强PLC的抗干扰能力,提高其可靠性,PLC的每个开关量输入端都采用光电隔离等技术。而且,为了能实现继电器控制线路的硬逻辑并行控制,PLC采用了扫描技术。因此,其响应时间至少等于一个扫描周期,一般均大于一个扫描周期甚至更长。

最短的I/O响应时间如图4.4所示。在一个扫描周期内的输入采样阶段开始瞬间收到输入信号,且在本周期内输入信号就起作用。响应时间最短,为一个扫描周期。

图 4.4 最短 I/O 响应时间

最长的I/O响应时间如图4.5所示。在一个扫描周期的输入采样阶段刚过就收到一个输入信号,则该信号在本周期内不起作用,必须等到下一个扫描周期才能起作用,这时响应时间最长。

图 4.5 最长 I/O 响应时间

4.2 S7—300 PLC硬件安装与维护

4.2.1 S7—300 PLC的系统组件

S7—300 PLC基于模块化,采用DIN标准导轨安装,用户可根据需要选择相应的模块组件,配置灵活,安装方便。各组件的功能见表4.1。

表 4.1　S7—300 PLC 系统组件功能

组　件	功　能
导轨	导轨是一种专用的金属机架,用于安装电源、CPU、接口模块和最多 8 个的信号模块。CPU 所在的机架称为中央机架,如果一个机架不能容纳全部的模块,可以增设扩展机架
电源(PS)	电源输出 24 V 直流,有 2 A、5 A 和 10 A 三种,供电电压由开关选择 120 V 或 230 V;用 LED 来指示电源是否正常;输出电压是隔离的,具有短路保护
CPU 模块	CPU 模块主要用来执行用户程序,同时还为 S7—300 总线提供 5 V 电源; 附件有存储器模块和后备电池; CPU 前面板的部件有状态和故障指示灯、模式开关、24 V 电源的连接、多点接口(MPI)、电池盒和存储器模块插槽
接口模块(IM)	接口模块提供多层组态的能力,是连接两个机架的总线
信号模块(SM)	把不同的过程信号与 S7—300 PLC 相匹配,SM 模块根据电压范围或输出电压来选择; 附件有总线连接器和前连接器
功能模块(FM)	完成定位、闭环控制等控制
通讯处理器(CP)	PROFIBUS,以太网和其他总线系统的通讯处理,连接可编程控制器; 附件有电缆、软件和接口模块

1. CPU 模块

CPU 模块的各组成元件封装在一个牢固而紧凑的塑料机壳内,面板上有状态和故障指示 LED、模式选择开关和通信接口。微存储器卡可用于掉电后程序和数据的保存,扩展 CPU 的存储器容量。多点接口 MPI 用于 PLC 和其他西门子 PLC、PG/PC(编程器或个人计算机)、OP(操作员接口)的网络通信。锂电池在 PLC 断电时用来保证实时时钟的正常运行,并可以在 RAM 中保存用户程序和更多的数据,保存期为 1 年。电源模块的 L1、N 端子接 AC 220V 电源,电源模块的接地端子和 M 端子一般用短路片短接后接地。某些 CPU 模块上还集成有集成的数字量 I/O 或模拟量 I/O。图 4.6 为 CPU314 的实物外观和结构示意。

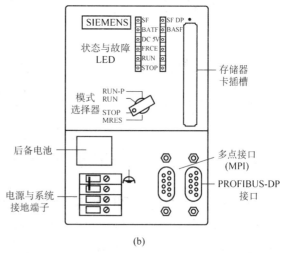

(a)　　　　　　　　　　　　　　　　　　(b)

图 4.6　CPU314 的面板

(a)实物外观图　(b)结构示意图

1)操作模式

(1)RUN－P 可编程运行模式。在此模式下,CPU 不仅可以执行用户程序,在运行的同时,还可以通过编程设备(如装有 STEP7 的 PG、装有 STEP7 的计算机等)读出、修改和监控用户程序。

(2)RUN 运行模式。在此模式下,CPU 执行用户程序,还可以通过编程设备读出和监控用户程序,但不能修改用户程序

(3)STOP 停机模式。在此模式下,CPU 不执行用户程序,但可以通过编程设备(如装有 STEP7 的 PG、装有 STEP7 的计算机等)从 CPU 中读出或修改用户程序。在此位置可以拔出钥匙。

(4)MRES 存储器复位模式。将钥匙从 STOP 模式切换到 MRES 模式时,可复位存储器,使 CPU 回到初始状态。该位置不能保持,当开关在此位置释放时将自动返回到 STOP 位置。

2)状态与故障显示

CPU 模块面板上的 LED 意义如下。

(1)SF(红色)。系统出错/故障指示灯,CPU 硬件或软件错误时亮。

(2)BATF(红色)。电池故障指示灯(只有 CPU313 和 CPU314 配备),当电池失效或未装入时,指示灯亮。

(3)DC 5 V(绿色)。+5 V 电源指示灯,CPU 和 S7—300 总线的 5 V 电源正常时亮。

(4)FRCE(黄色)。强制作业有效指示灯,至少有一个 I/O 被强制状态时亮。

(5)RUN(绿色)。运行状态指示灯,CPU 处于"RUN"状态时亮;LED 在"Startup"状态以 2 Hz 频率闪烁;在"HOLD"状态以 0.5 Hz 频率闪烁。

3)分类

S7—300 PLC 有 20 多种 CPU,主要分为以下几个系列。

(1)紧凑型 CPU。紧凑性 CPU 为 $31xC$,有 6 种类型,分别是 CPU312C、313C、313C—PtP、313C—2DP、314C—PtP 和 314C—2DP。各 CPU 均有计数、频率测量和脉冲宽度调制功能。脉宽调制频率最高为 2.5 kHz。

(2)标准型 CPU。标准型 CPU 为 $31x$,有 5 种类型,分别是 CPU313、CPU314、CPU315、CPU315—2DP 和 CPU316—2DP。各 CPU 的 RAM 不能扩展。

(3)户外型 CPU。户外型 CPU 可以在恶劣的环境下使用。CPU321IFM 和 CPU314IHM 是户外紧凑型 CPU,带有集成的数字量 I/O。

(4)其他 CPU。CPU317—2DP 和 CPU318—2DP 具有大容量程序存储器以及 PROFIBUS—DP 主/从接口,可用于大规模的 I/O 配置和建立分布式 I/O 结构。S7—315F CPU 不仅带有 PROFIBUSDP 主站/从站接口,还可以组态为一个故障安全型自动化系统,可满足安全运行的需要。

2. 信号模块

输入/输出模块统称为信号模块(SM),按信号特性分为数字量信号模块和模拟量信号模块。

数字量信号模块用于连接数字传感器和执行元件。它们的外部接线接在插入式的前连接器的端子上,前连接器插在前盖后面的凹槽内。不需断开前连接器上的外

部接线,就可以迅速的更换模块。绿色的 LED 用来显示输入/输出端的信号状态。数字量信号模块包括数字量输入模块(DI)、数字量输出模块(DO)和数字量输入/输出模块(DI/DO)。

1)数字量输入模块 SM321

数字输入模块将从传输来的外部数字信号的电平转换为内部 S7—300 信号电平。该种模块适用于连接开关和 2 线式接近开关(BERO)。

数字量输入模块 SM321 按输入点数可分为 32 点、16 点和 8 点等几种类型。根据输入模块外界电压不同分为直流和交流信号模块。图 4.7(a)图和(b)图所示为 SM321 端子地址排列、结构与接线。图 4.7(c)和图 4.7(d)为直流 16 点数字量输入模块,额定输入电压为 24 V DC。

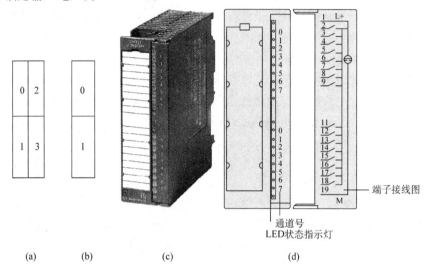

(a)　　　　(b)　　　　(c)　　　　　　(d)

图 4.7　SM321 外观与端子接线

(a)32 点端子地址排列　(b)16 点端子地址排列　(c)16 点数字量输入模块外观　(d)端子接线图

2)数字量输出模块 SM322

数字输出模块将 S7—300 的内部信号电平转化为控制过程所需的外部信号电平。该种模块适用于连接电磁阀、接触器、小功率电机、灯和电机启动器。数字量输出模块 SM322 外观与 SM321 相同,按输出点数可分为 32 点、16 点和 8 点等几种,按功率驱动器件和负载回路电源的类型分为交流电源驱动的晶闸管输出、直流电源驱动的晶体管输出和交直流电源驱动的继电器输出 3 种类型。负载电源由外部现场提供。图 4.8 为 16 点数字量输出模块,额定电压 24 V DC,0.5 A。

3)数字量输入/输出模块 SM323

SM323 数字量输入/输出模块在一块模

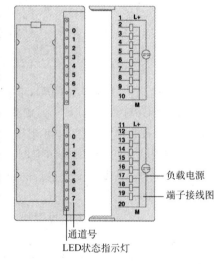

图 4.8　SM322 端子接线

块上同时具有输入点和输出点,用于连接开关、2 线接近开关(BERO)、电磁阀、接触器、小功率电机、灯和电机启动器。16 点数字量输入/输出模块如图 4.9 所示,有 8 个输入点和 8 个输出点,输出端电源 24 V DC,0.5 A。

4)模拟量输入模块 SM331

SM331 模拟量输入模块将扩展过程中的模拟信号转化为 S7—300 内部处理用的数字信号。用于连接电压和电流传感器、热电偶、电阻器和电阻式温度计。图 4.10 所示为 AI 8×13 位模拟量输入模块端子接线图。

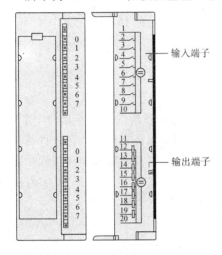

图 4.9　SM323 端子接线 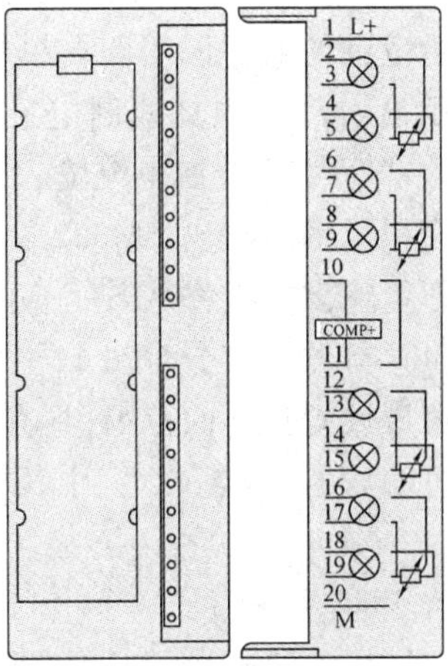　　　　　图 4.10　SM331 端子接线

模拟量用 16 位二进制补码的形式表达,最高位(第 15 位)是符号位。第 15 位等于 0,为正数,第 15 位等于 1,为负数。模拟值位数可以设置为 8～14 位(与模块的型号有关),不包括符号位。如果模拟值小于 15 位,采用左对齐的方法。即模拟值左移,其最高位仍为符号位(在第 15 位),左移后,未用的低位填入 0。模拟量的表达形式和测量值分辨率如图 4.11 所示,图中 VZ 是符号位。

位的序号		单位		15	14	13	12	11	10	9	8	7	6	5	4	3	2	1	0
位值		十进制	16进制	VZ	2^{14}	2^{13}	2^{12}	2^{11}	2^{10}	2^9	2^8	2^7	2^6	2^5	2^4	2^3	2^2	2^1	2^0
位的分辨率 + 符号	8	128	80	*	*	*	*	*	*	*	*	1	0	0	0	0	0	0	0
	9	64	40	*	*	*	*	*	*	*	*	*	1	0	0	0	0	0	0
	10	32	20	*	*	*	*	*	*	*	*	*	*	1	0	0	0	0	0
	11	16	10	*	*	*	*	*	*	*	*	*	*	*	1	0	0	0	0
	12	8	8	*	*	*	*	*	*	*	*	*	*	*	*	1	0	0	0
	13	4	4	*	*	*	*	*	*	*	*	*	*	*	*	*	1	0	0
	14	2	2	*	*	*	*	*	*	*	*	*	*	*	*	*	*	1	0
	15	1	1	*	*	*	*	*	*	*	*	*	*	*	*	*	*	*	1

* = 0 或 1

图 4.11　模拟量的表达形式和测量值分辨率

模拟量值的测量类型可以通过量程卡上的适配开关设定测量的类型和范围。没有量程卡的模拟量模板具有适应电压和电流测量的不同接线端子，这样，通过正确地连接有关端子，可以设置测量的类型。具有适配开关的量程卡安放在模板的左侧，如图 4.12 所示。

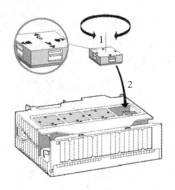

在安装模板前必须正确地设置量程卡，允许的设置为"A"、"B"、"C"和"D"。关于设置不同的测量类型及测量范围的简要说明印在模板上。量程"A"为 4 线制电压输入；"B"为 2 线制电压输入；"C"为 4 线制电流输入；"D"为 2 线制电流输入。

图 4.12 量程卡

5)模拟量输出模块 SM332

模拟量输出模板将从 S7—300 来的数字量转换为过程用的模拟量信号，用于连接模拟量执行器。其分辨率 12～15 位，可变的电压和电流范围用参数化软件可以为每一个通道设置独立的范围；具有中断能力，当发生错误时模块将诊断和极限中断值传送到可编程控制器 CPU 中；具有诊断功能，该模块将大量的诊断信息传送给 CPU。

3. 电源模块

电源模块 PS307 将 AC 120/230 V 电压转换为 DC 24 V，为 S7—300、传感器和执行器供电。输出电流有 2 A、5 A 和 10 A 三种。电源模块安装在导轨上的插槽，紧靠在 CPU 或 IM 361(扩展机架上)的左侧。使用电源连接器连接到的 CPU 或 IM 361 上。电源模块如图 4.13 所示，模块的前面板上有如下内容：①电源输出指示器 LED(指示 24 V 直流输出)；②线电压选择开关(一个带有保护罩的开关可用来选择 AC 120 V 或 AC 230 V 线电压)；③ DC 24 V 的 ON/OFF 开关。

板上还有由盖板保护着的连接端和线电源电缆，输出电源电缆和保护接地可连接到这些端子上。

图 4.13 电源模块

4.2.2 S7—300 PLC 的安装

1. 安装位置

S7—300 PLC 有水平和垂直两种安装位置，当 PLC 的组成模块较少时，所有模块均可安装在一个机架上，则为单机架结构，图 4.14 所示为水平安装单机架结构。各模块只需钩在 DIN 标准导轨上，然后用螺栓锁紧即可。机架最左边是 1 号槽，最右边是 11 号槽。电源模块(PS)总是安装在机架的最左边 1 号槽的位置；CPU 模块紧靠电源模块在 2 号槽的位置；3 号槽是接口模块(IM)；再向右依次是信号模块(SM)、功能模块(FM)和通信处理模块(CP)，它们任意使用 4～11 号槽。单机架结构最多可安装 8 个信号模板(包括信号模块、功能模块或通信模块)。如果将水平安装位置左旋 90°，则为垂直安装。

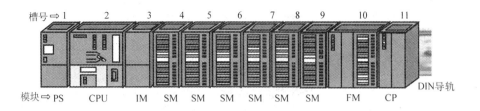

图 4.14　PLC 水平安装图

2. 扩展能力

如果系统任务需要的信号模块超过 8 个,则应增加扩展机架,构成多机架结构 PLC,如图 4.15 所示。含有 CPU 的机架为中央机架,除它之外还最多可增加 3 个扩展机架,在扩展机架上仅能安装 SM、FM 和 CP 模块,每个扩展机架安装的信号模板总数不能超过 8 个。机架之间通过接口模块(IM)进行通信,图中 IMS 接口代表传送,IMR 接口代表接收。对于双层机架结构的 PLC 系统,采用 IM365 接口模块较为经济。对于多层机架 PLC 系统,中央机架采用 IM360,控制机架采用 IM361 接口模块,各相邻机架的电缆最长为 10 m。

如果需要,在控制机架上也可以安装电源模块。图中电源模块用虚线框表示。

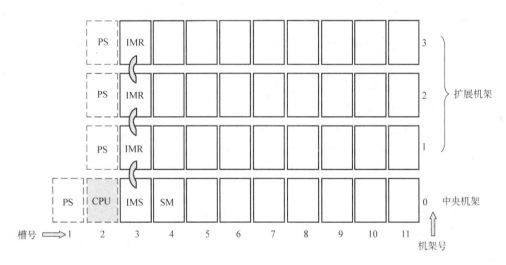

图 4.15　多机架 PLC 结构

3. 安装步骤

1)安装导轨

导轨用 M6 螺丝固定到安装部位,把保护地连在导轨上(通过保护地螺丝)。每个模块都带有一个总线连接器,安装时在总线连接器处插入模块(从 CPU 开始,最后一个模块不需要总线连接器)。前连接器插入信号模块连接现场信号,如图 4.16 所示。

2)电气安装检查

电气安装检查如下项目:是否有模拟信号或总线信号吗;是否有大于 60 V 的接线;输出触点构成的回路中是否有感性负载;是否有室外的接线。

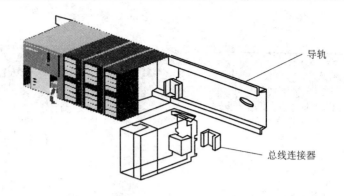

图 4.16　导轨安装方法

3）电源和 CPU 接线

电源和 CPU 接线步骤如下。

（1）打开电源模块和 CPU 模块面板上的前盖。

（2）松开电源模块上接线端子的夹紧螺钉。

（3）将进线电缆连接到端子上，并注意绝缘。

（4）上紧接线端子的夹紧螺钉。

（5）用连接器将电源模块与 CPU 模块连接起来并上紧螺钉。

（6）关上前盖。

（7）检查进线电压的选择开关，把槽号插入前盖。

4）前连接器接线

前连接器接线步骤如下。

（1）打开信号模块的前盖。

（2）将前连接器放在接线位置。

（3）将前连接器中夹紧装置松开。

（4）剥去电缆的绝缘层（6 mm 长度）。

（5）将电缆连接到端子上。

（6）用夹紧装置将电缆夹紧。

（7）将前连接器放在运行位置。

（8）关上前盖。

（9）填写端子标签并将其压入前盖中，在前连接器盖上粘贴槽口号码。

5）准备启动

（1）把钥匙插入 CPU。

（2）插入后备电池。如果用户程序不是存放在存储器模块中（该模块中的程序不靠电源保持），若出现断电时必须保持大量的数据。

（3）如有需要，则插入存储器模块。该模块不需要后备电池就可以保持用户程序和数据，是较大的"装载存储器"。

4.2.3　S7—300 PLC 的信号模块地址

S7—300 的信号模块地址按字节进行编排，字节地址与模块所在的机架号和槽号有关。对于数字量模块，从 0 号机架的 4 号槽开始，每个槽分配 4 个字节的地址，字节范围 0～127,共 128 个字节。每个字节 8 位,相当于 32 个 I/O 点。S7—300 为模拟量信号模块保留了专用的地址区域,字节地址范围为 256～767。具体分配见表 4.2。

表 4.2　I/O 模块的字节地址

机架号	模块类型	槽号							
		4	5	6	7	8	9	10	11
0	数字量	0～3	4～7	8～11	12～15	16～19	20～23	24～27	28～31
	模拟量	256～271	272～287	288～303	304～319	320～335	336～351	352～367	368～383
1	数字量	32～35	36～39	40～43	44～47	48～51	52～55	56～59	60～63
	模拟量	384～399	400～415	416～431	432～447	448～463	464～479	480～495	496～511
2	数字量	64～67	68～71	72～75	76～79	80～83	84～87	88～91	92～95
	模拟量	512～527	528～543	544～559	560～575	576～591	592～607	608～623	624～639
3	数字量	96～99	100～103	104～107	108～111	112～115	116～119	120～123	124～127
	模拟量	640～655	656～671	672～687	688～703	704～719	720～735	736～751	752～767

1. 数字量模块地址的构成与表示

S7—300 PLC 的数字量地址由地址类型、地址的字节部分和位组成,一个字节由 0～7 这 8 个位组成,位地址与信号线接在模块上的端子有关。表示如下:

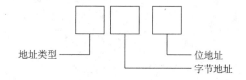

地址类型用字母表示,I 表示输入,Q 表示输出,M 表示存储器位。例如一个数字量输入地址 I1.2,小数点前面的 1 表示地址的字节部分,小数点后面的 2 表示这个输入点是 1 字节中的第 2 位。

数字量除按位寻址外,还可以按字节、字或双字寻址。如输入量 I1.0～I1.7 组成输入字节 IB1,B 是 Byte 的缩写;字节 IB1 和 IB2 组成字 IW1,W 是 Word 的缩写,其中 IB1 是高位字节;IB1 和 IB5 组成双字 ID1,D 是 Double Word 的缩写,其中 IB1 是最高位字节。以组成字和双字的第一个字节作为字和双字的地址。

2. 模拟量模块地址的构成与表示

模拟量以通道为单位,一个通道占一个字地址,或两个字节地址。一个模拟量模块最多有 8 个通道,16 个字节地址。如模拟量输入通道 IW640 由字节 IB640 和 IB641 组成。具体分配见表 4.2。

4.3　STEP7 应用基础

STEP7 是一种为 SIMATIC S7、M7、C7 和基于 PC 的 WinCC,是供编程、监控、

和参数设置的标准工具。STEP7 具有硬件配置和参数设置、通信、组态、编程、测试、启动、维护及文件的建档、运行和诊断等功能。

4.3.1　SIMATIC 管理器

SIMATIC 管理器是一个在线/离线编辑 S7 对象的图形化用户界面,是 STEP7 软件的窗口。S7 对象包括项目、用户程序、块、硬件站和工具。利用 SIMATIC 管理器可以实现管理项目和库、启动 STEP7 工具、在线访问 PLC 和编辑存储器卡等操作。

1. 启动 SIMATIC 管理器

在 Windows 桌面上有一个"SIMATIC Manager"图标 ,可以像启动任何 Windows 应用程序一样双击图标打开,或者通过菜单"开始"→"SIMATIC"→ SIMATIC Manager ,管理器的菜单和工具条如图 4.17 所示。

SIMATIC 管理器负责管理 S7 对象,例如项目和用户程序。打开项目,就启动了和编程有关的工具。在程序块上双击可以启动程序编辑器,可以编写程序块(面向对象启动)。按功能键 F1 可以得到当前窗口的在线帮助。管理器的菜单和工具条如图 4.17 所示。

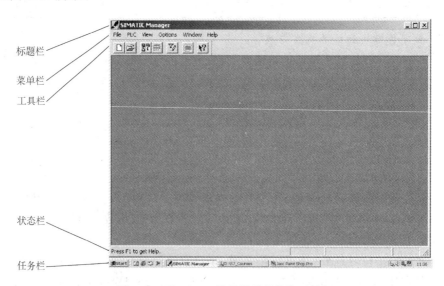

图 4.17　SIMATIC 管理器的菜单和工具条

标题栏包含窗口标题和控制窗口的按钮;菜单栏包含当前窗口的所有菜单;工具栏包含最常用的任务图标,这些图标带有浮动标注;状态栏显示当前状态和附加信息。任务栏以按钮形式显示所有打开的应用和窗口,可以用鼠标右键定位在屏幕的任何一边。SIMATIC 管理器的工具条见图 4.18 和表 4.3。

2. 项目结构

SIMATIC 管理器界面可以同时打开多个项目,项目的数据以对象的形式保存,项目中的对象按树型结构组织。如图 4.19 所示。项目窗口分为左右两个视窗,左边为项目结构视图,显示项目的层次结构;右边为项目对象视图,显示项目结构对于层次的内容。

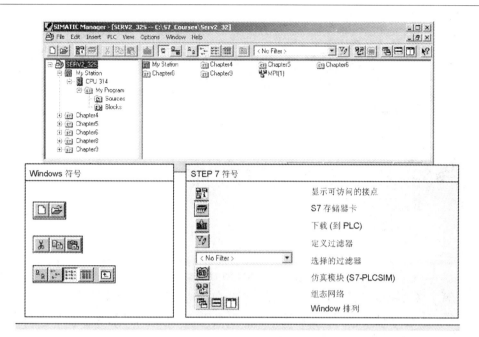

图 4. 18　SIMATIC 管理器的工具条

表 4. 3　SIMATIC 管理器的工具条

图标	功能	图标	功能
	(New)新建		(Offline)离线
	(Open)打开	< No Filter >	选择的过滤器
	(Display Accessible Nodes)可访问网络接点		(Filter Command)设置过滤器
	(S7 Memory)存储卡		(Configure Network)组态网络
	(Cut)剪切		(Simulate Module)仿真调试工具
	(Copy)复制		(Arrange Cascade)层叠窗口
	(Paste)粘贴		(Arrange Horizontally)窗口水平平铺
	(Download)下载工具		(Arrange Vertically)窗口垂直平铺
	(Online)在线工具		(Help Symbol)帮助

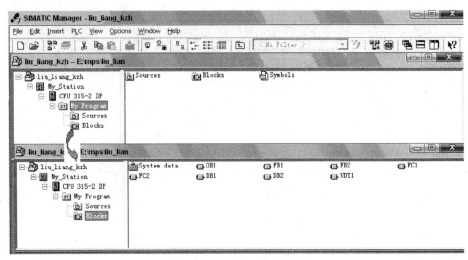

图 4.19　STEP7 项目结构

第一层为项目,位于对象体系的最上层,包含所有数据和程序的整体。

第二层为站(Station),是组态硬件的起点,用于存放硬件组态和模块参数等信息。"S7 Program"文件夹是编写程序的起点,所有软件均存放在该文件夹中。

第三层和其他层与上一层对象有关。当鼠标选中某一层对象时,如图中选中"Blocks",在右边窗口显示"Blocks"对应的内容。

3. 创建 S7 项目

选择菜单"File"→"New"或工具条中的图标 ▯,打开建立新项目或新库的对话窗,如图 4.20 所示。在名称(Name)框中输入项目名,通过"Browse"按钮可选择新建项目存放路径,然后点击"OK"确认。

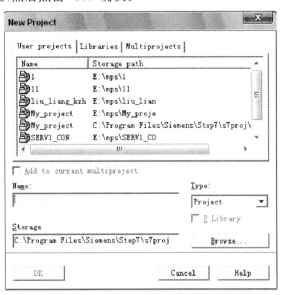

图 4.20　创建 S7 项目

项目创建也可以采用"新项目向导"的方法,使用菜单命令"File"→"New Project Wizard",帮助建立新项目。注意在 SIMATIC 管理器的"Options"→"Customize"的"Storage location(path)"显示了设定的路径。

4. 插入 S7 程序

S7 程序是和应用有关的程序块、数据块、注释和符号。选择菜单"Insert"→"Program"→"S7 Program",可以在当前项目下插入一个新程序。当插入一个新对象时,系统会自动给出一个程序名,如"S7 Program(1)",如果需要,可以修改这个程序名,如图 4.21 所示。

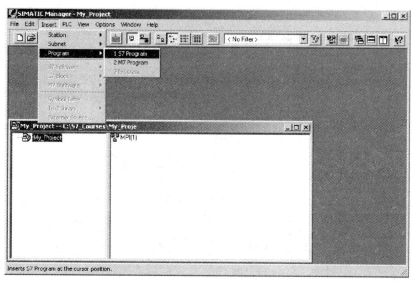

图 4.21　插入 S7 程序

技 能 训 练 8

任务　创建项目

做什么

(1)打开 SIMATIC 管理器。

(2)以 MPS 成品分装单元为对象,创建名称为"成品分装单元"新项目。步骤为:"File"→"New…"→"User projects"→在"Name"框中输入"成品分装单元"→确认。

(3)插入 S7 程序。选择"成品分装单元"的项目→"Insert"→"Program"→"S7 Program"。

(4)把缺省的 S7 程序名"S7 Program "改为"My_Project":点击 S7 程序两次(不是双击)→写"My_Program"。

结果

(1)在"My_Project"的项目中生成了与硬件无关的 "My_Program" S7 程序。

(2) 在"Blocks"文件夹中自动插入了 OB1 块 ,它还没有指令。

(3)S7 程序包含下列对象。

• Blocks(块):在此存放逻辑代码(OB、FC、FB 和 DB)并可下载到 CPU 。

• Sources(块):在此存放以文本编辑器生成的源程序,如 STL、S7—SCL 或 S7—HiGraph。

• Symbols(块):在此声明输入、输出、标志、定时器和计数器等全局 S7 地址的符号(名)。

5．插入标准库

库用于存储可多次使用的块。这种块可以从已有的项目拷贝到一个库中，也可以直接在独立于项目的库中创建。当安装 STEP7 时，标准库（Standard Library）也被同时安装。从 SIMATIC 管理器可以直接访问标准库，操作过程为"File"→"Open"→"Libraries"，或者从块编辑器（"Overview"→"Libraries"）访问标准库，如图 4.22 所示。表 4.4 详细列出标准库包含的 S7 程序块。

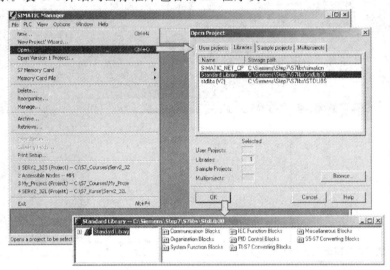

图 4.22　插入标准库

表 4.4　STEP7 标准库程序块

S7 程序块	说明
通讯块	CPU 通过通讯处理器和分布式 I/O 通讯的 FC
组织库	组织块 OB
S5—S7 转换块	转换 STEP5 程序所需的 STEP5 的块
TI—S7 转换块	通用标准功能
IEC 功能块	IEC 功能块
PID 控制块	PID 闭环控制的功能块
系统功能块	系统功能（SFC）和系统功能块（SFB）
杂项块	利用日光时间和标准时间（冬季和夏季时间）转换的 FC 和 FB

6．在线/离线显示

离线显示编程器硬盘上的项目结构，在 SIMATIC 管理器的窗口中显示。显示"S7 Program"文件夹包含的"Source"和"Block"。"Block"文件夹包含硬件组态所产生的数据和 LAD/STL/FBD 编辑器所产生的块。

在线显示左边窗口中显示离线项目结构，右边窗口中显示在线所选的 CPU 中存储的块。结果是"S7 Program"仅包含有下列对象的"Block"文件夹，即系统数据块（SDB）、用户块（OB、FC、FB）和系统块（SFC、SFB）。

在线和离线状态可以通过菜单"View"→"Offline"或"View"→"Online"，或通过工具条中的相应图标进行切换。当使用菜单中的"Window"→"Arrang"选项，"离线"和"在线"显示可以左右或上下排列，如图 4.23 所示。

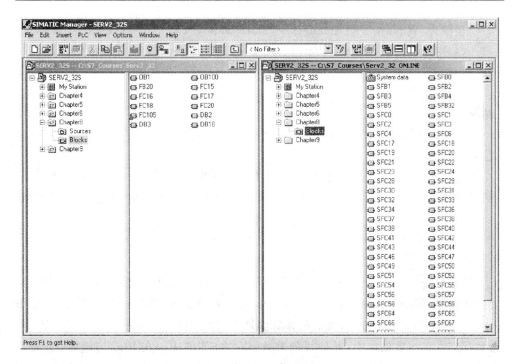

图 4.23　在线/离线显示

7. 编辑项目

对于项目还可以进行"打开"、"保存"、"拷贝"和"删除"等操作。

要打开一个项目,首先启动 SIMATIC 管理器,然后选择菜单命令"File"→"Open",在对话框中选中要打开的项目,点击"OK",该项目窗口就被打开了。如果要打开的项目没有在项目列表中,点击"Browse"按钮,就可以搜寻包括项目列表中的已存在的所有项目。

使用菜单命令"File"→"Save As",可以将一个项目保存为另一个名字。

使用菜单命令"Edit"→"Code",可以拷贝项目的部分内容,如站、程序、块等。

使用菜单命令"File"→"Delete",可以删除一个项目。

使用菜单命令"Edit"→"Delete",可以删除项目中的一部分,如站、程序、块等。

技 能 训 练 9
任务　从标准库中拷贝一个块
做什么 　　从 STEP7 标准库"Standard Library"中把 FC105 块拷贝到项目"My_Project"的 S7 程序"My_Program"中去。 　　(1) 在 SIMATIC 管理器中打开"Standard Library"。步骤为:"File"→"Open..."→选择"Libraries"→在表中选择"Standard Library"→确认。 　　(2)在项目"成品分装单元"中打开 S7 程序"TI—S7—Converting Blocks"的块文件夹。 　　(3)在 SIMATIC 管理器中同时在两个窗口显示你的项目"My_Project"和"Standard Library"。

步骤为"Window"→"Arrange"→"Horizontally"。

（4）用拖拽方法，从"Standard Library"把 FC105 块拷贝到你的程序"My_Program"中去。

（5）关闭库。

结果

FC 105 已存放在"My_Program"S7 程序的块文件夹中。

注意

库用于存储含有标准功能的块。这类块可从库拷贝到任何的项目中。如果要拷贝的块名（号码）已经存在，当把库的块插入到程序文件夹时可以重新命名该块（号码）。

4.3.2　硬件组态

硬件组态的任务是在 STEP7 中生产一个与实际的硬件系统完全相同的系统，即要生成网络、网络中各个站的机架和模块，设置硬件组成部分的参数，确定 PLC 输入/输出变量的编号等，所有模块的参数都是用编程软件来设置的。组态时，CPU 的参数保存在系统数据块中；其他块的参数保存在 CPU 中。在 PLC 启动时，CPU 会自动向其他模块传送设置的参数，并且将 STEP7 中生产的硬件设置与实际硬件配置进行比较，如果二者不符，将立即产生故障报告。

1. 插入一个站

在已经创建的项目中插入一个 S7—300 的站。在 SIMATIC 管理器通过选择菜单"Insert"→"Station"→"SIMATIC 300 Station"，可以在当前的项目下插入一个新站，如图 4.24 所示，自动为该站分布一个名称 SIMATIC 300(1)，以后可以修改。

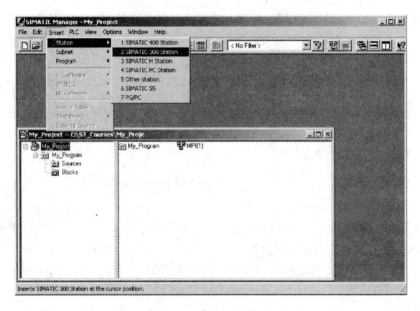

图 4.24　插入一个站

2. 硬件组态

在 SIMATIC 管理器下选择硬件站,并选择菜单"Edit"→"Open Object"或双击硬件对象目标▮▮,打开硬件组态窗口,如图 4.25 所示,硬件配置窗口主要包含 4 个子窗口,即配置窗口、显示配置详细信息窗口、硬件目录窗口和所选组件信号窗口。

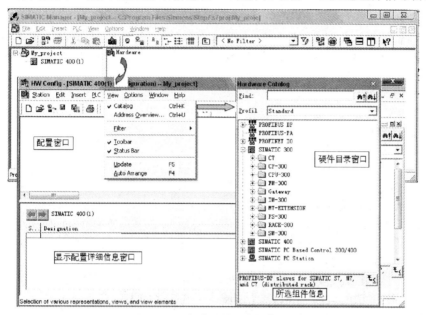

图 4.25　启动硬件组态编辑器

硬件组态窗口(HW Config)如图 4.26 所示,打开硬件目录从菜单"View"→"Catalog"或点击工具条中的图标▮▮。利用硬件目录"Hardware Catalog"窗口插入对象,该窗口的标题栏包含项目名称和站名称。如果选择"Standard"作为目录库,在"硬件目录"窗口中提供所有的机架、模块和接口模块。

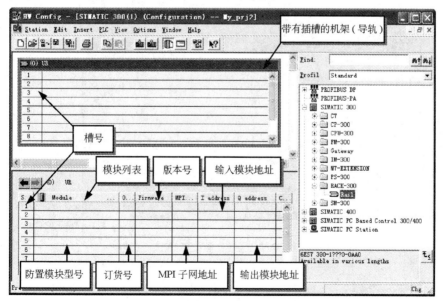

图 4.26　硬件组态窗口

技 能 训 练 10

任务　对 MPS 分拣单元进行硬件组态

做什么

1）插入机架

硬件目录中打开一个 SIMATIC 300 站，在"RACK－300"目录中含有一个 DIN 导轨的图标。双击（或拖拉）该图标就可以在"硬件组态"窗口中插入一个导轨。在分成两部分的窗口中出现两个机架表：上面窗口显示一个简表，下面窗口显示带有定货号、MPI 地址和 I/O 地址的详细信息。

2）插入电源模块

如果需要装入电源，双击或拖拉目录中的"PS－300"模块，如选择"PS 307 5A"，放到表中的 1 号槽位。

3）插入 CPU 模块

从"CPU－300"的目录中选择 CPU，把它插入 2 号槽位。如选择 CPU314，双击订货号"6ES7 314－1AE04－OABO"，则 CPU 模块自动插入 0 号机架的 2 号槽中。

4）插入接口模块

3 号槽位为接口模块保留（用于多层组态）。在实际配置中，如果这个位置要保留以后安装接口模块，在安装时就必须插入一个占位模块 DM370（DUMMY）。

5）插入信号模块

从 4 号槽位开始，利用拖拉或双击可以插入最多 8 个信号模块（SM）、通讯处理器（CP）或功能模块（FM）。允许插入所选模块的槽位自动变绿。

6）保存和编译硬件组态

选择菜单"Station"→"Save"，仅保存项目的当前组态，不产生系统数据块；选择菜单"Station"→"Save and Compile"或点击工具条中的 图标时，就把组态和参数分配保存到系统数据块中。如果有错误，则有提示，需要重新进行硬件组态。

结果

图 4.27 为配置好的 S7—300 硬件组态窗口。

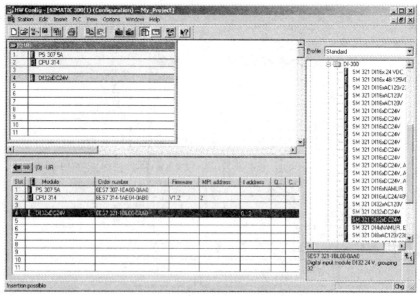

图 4.27　硬件组态窗口配置窗口

3. 下载和上传

当把硬件组态下载到 PLC 的 CPU 模块中时,选择菜单"PLC"→"Download"或点击工具条中图标 ，就可以把选择的组态下载到 PLC。注意 PLC 必须在"STOP"模式!

当需要从 CPU 读出实际的组态,查看实际系统的参数设置时,有两个方法可以把实际的组态上载到编程器 PG: ① 在 SIMATIC 管理器中,通过选择菜单"PLC"→"Upload Station"上载;② 在硬件组态工具中,通过菜单"PLC"→"Upload"或单击 图标。从硬件读出的实际组态应插入到所选择的一个新站中。当读实际组态时,如果模块的序号不能全部识别出来,应该检查组态,如果需要插入已有模块的精确模块类型,选择模块,然后选择菜单"Options"→"Specify Module"即可。

技 能 训 练 11

任务　上载硬件实际组态 PG/PC 并改名

做什么

(1)新建项目,在还没有硬件站时,从 MPS 某工作单元读出实际的 PLC 组态。把项目中新生成的硬件站改名为"My_Station"。

从检测单元读出实际的组态到新建项目,步骤为:在"SIMATIC 管理器"→选择"My_Project"→ PLC 菜单→"Upload Station"→点击"OK"。

(2)完成上述工作,如果看不到"Accessible Nodes",必须点击"Accessible Nodes"。

(3)把项目中新生成的硬件站改名为"My_Station"。

点击两次"SIMATIC 300(1)"(不是双击)并键入"My_Station"。

结果

现在被叫做"My_Project"的项目中有了一个叫做"My_Station"的硬件站和叫做"My_Station"的与硬件无关的程序。

---

4. I/O 地址显示

在硬件组态窗口的菜单中选择"View"→"Address Overview",打开窗口显示出已经组态的站的 I/O 地址信息,如图 4.28 所示。其中,"R"表示机架号;"S"表示相应模块的插槽号;"DP"只有分布式外设时才有意义;"IF"表示当使用 M7(用 C++ 语言)的接口模块。

5. 可变编址（放在信号模块中）

S7—300（带 DP 接口的 CPU）可以赋值模板的起始地址参数。双击一个数字量或模拟量模板时,参数赋值窗口被打开。当选择了"Addresses"项之后,取消"System selection",在"Start"对话框中定义起始地址,点击"OK"即可修改地址编号。如果该地址已经使用,故障信息会弹出。可变地址设置如图 4.29 所示。

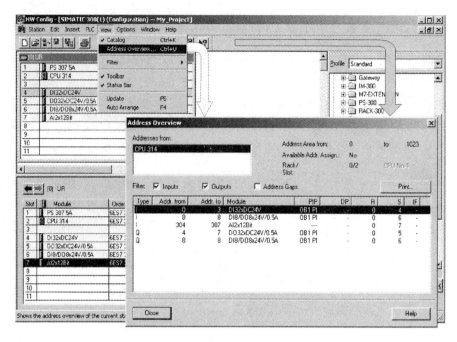

图 4.28 I/O 地址显示

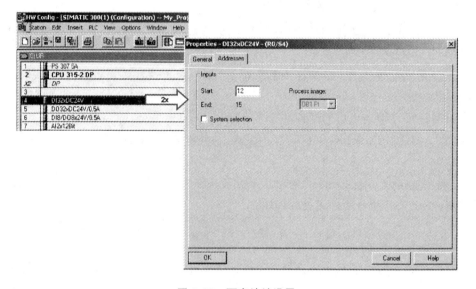

图 4.29 可变地址设置

4.3.3 CPU 属性设置

在 STEP7 管理器中点击"Hardware"硬件图标,进入硬件组态画面,双击 CPU 模块所在行,在弹出的"Propertis"(属性)窗口,点击某一选项卡(如图 4.30 所示),可以设置相应的属性。下面以 S7 315—2DP 为例介绍 CPU 主要参数设置方法。

"Gneneral"选项卡提供了模块类型、位置和 MPI 地址设置。

如果需要把几个 PLC 通过 MPI 接口组成网络,必须对每一个 CPU 分配不同的 MPI 地址。点击"Properties"(属性)按钮打开"Properties→MPI Node"对话窗,它包

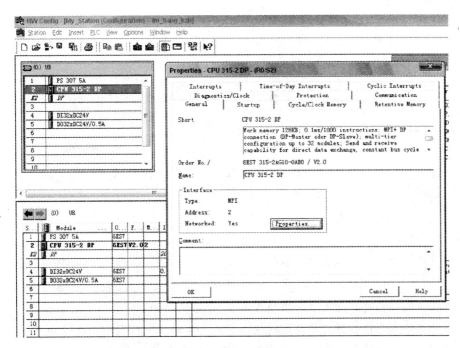

图 4.30　CPU 属性设置

括两个标签,即"General"和"Parameters"。

"Startup"(启动)选项卡用于设置启动特性,S7—300 只能用于暖启动。

"Clycle/Clock Memory"(循环/时钟存储器)选项卡用于设置扫描循环监视时间、通讯处理占扫描周期的百分比和时钟脉冲字节。一个字节的时钟存储器的每一位对应一个时钟脉冲,见表 4.5。时钟脉冲是一些可供用户程序使用的占空比为1∶1 的方波。

表 4.5　时钟存储器各位对应的时钟脉冲周期与频率

位	7	6	5	4	3	2	1	0
周期/s	2	1.6	1	0.8	0.5	0.4	0.2	0.1
频率/Hz	0.5	0.625	1	1.25	2	2.5	5	10

"Retentive Memory"(保持存储器)选项卡用于指定当前出现断电或从 STOP 到RUN 切换时需要保持的存储器区域。

"Protection"(保护)选项卡可以选择 3 个保护级别:允许读写、只读和禁止读写。后两种情况需要设置口令。

"Diagnostics /Clock"(诊断/时钟)选项卡用于设置系统诊断参数与实时钟的参数。

"Communication"(通讯)选项卡用于设置关于 CPU 通过网络(MPI、PROFI-BUS 等)进行数据交换的连接资源。每个 S7—300CPU 允许一定数量的连接。

"Time-Of-Day Interrupts"选项卡用于设置日期-时间中断的参数。

"Cyclic Interrupts"选项卡可以设置循环中断的参数。

"Interrupts"选项卡可以设置硬件中断、延迟中断、PROFUBUS-DP 中断和异步错误中断的参数。

如果需要把几个 PLC 通过 MPI 接口组成网络,必须对每一个 CPU 分配不同的 MPI 地址。点击"Properties"(属性)按钮打开"Properties →MPI Node"对话窗,它包括两个标签,即"General"和"Parameters"。

技 能 训 练 12

任务 时钟存储器参数分配与测试

做什么

赋参数给 CPU 时钟存储器字节。用 Monitor/Modify Variable 功能检查你的参数赋值是否成功。

(1)启动 HW Config 工具。SIMATIC 管理器(离线显示)→"My_Station"的硬件站→双击"Hardware"图标。

(2)选择标志字节 MB 10。在硬件编辑器中,打开 CPU 的"Object Properties"窗口。双击 CPU 图标,选择 Cycle / Clock Memory 页,并通过选择激活时钟存储器(点击小窗口),在存储器字节窗口输入 10 并确认。

(3)存盘并编译。保存修改过的组态,打开"Station"→"Save and Compile"。

(4)下装。把修改过的组态下装到 CPU,选择"PLC"→"Download"。

(5)退出 HW Config 工具。

(6)检查参数赋值。以"binary"二进制的显示格式监视 MB10 以便看到各个闪烁频率。

在 SIMATIC 管理器中选择"My_Program"→PLC 菜单→"Monitor/Modify Variable"→ 在变量表"address"域输入 MB 10 → 右键点击"Display format"→选择"binary"→用变量监视按钮击活该功能。

结果

图 4.31 为操作结果。

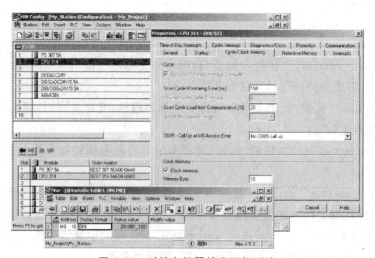

图 4.31 时钟存储器的分配与测试

4.3.4　符号表

创建项目时,在"S7 Program"文件夹内会自动生成一个空的"Symbol"(符号表)。该表用于存放用户定义的符号地址,在 STEP7 程序中可以寻址 I/O 信号、存储位、计数器、定时器、数据块和功能块等。在程序中既可以用绝对地址访问,也可用符号地址访问。

1. 绝对地址和符号地址

绝对地址是 STEP7 分配给各个存储单元的标识符,由"字母＋数字"组成。如 I0.0、M1.0、Q4.2 等。对于绝对地址,用户只能使用,不可更改,但是用户可以给绝对地址赋予符号名,即符号地址。

符号地址是用户根据自己的编程需要,对其使用的绝对地址赋予的符号名,这样可以增加程序的可读性,使程序更容易阅读。符号地址可以用英文、德文或中文表示。

2. 生成符号表

每个"S7 Program"有它自己的符号表。可以从 SIMATIC 管理器双击"Symbols"图标打开符号表。也可以通过选择 LAD/STL/FBD 编辑器中的菜单"Options"→ "Symbol Table"打开符号表。如图 4.32 所示。

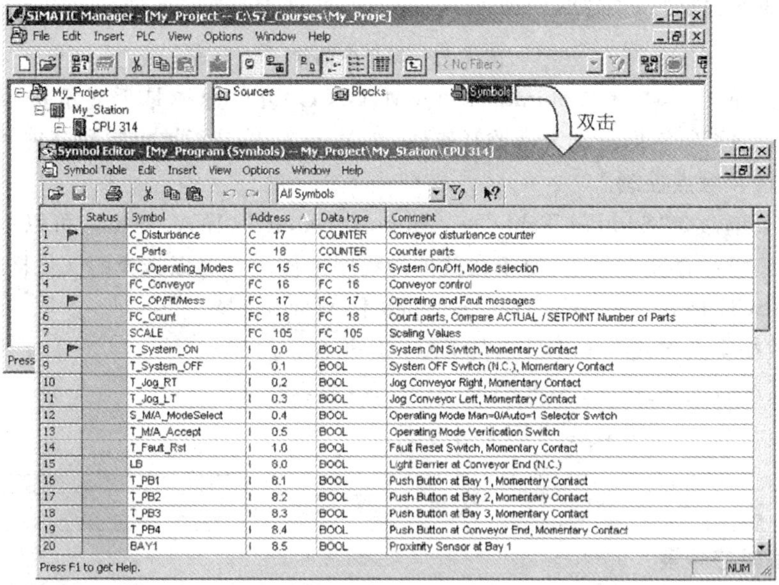

图 4.32　符号表

符号表中,为每个变量生成一行。在各列输入变量的"Symbol"(符号名、即符号地址)、"Address"(地址即绝对地址)、"Date type"(数据类型)和"Comment"(注释)。输入地址后,软件会自动添加数据类型,用户也可以修改它。在"Comment"列可以输入变量的注释。为了定义一个新符号,在符号表结尾会自动添加一个空行。

组织块、系统功能块和系统功能已预先被赋予了符号名,编辑符号表时可以引用这些符号名。数据块中的地址不能在符号表中定义,但可以在数据块的声明表中定义。

3. 符号表编辑

符号表中的符号可以按照字母顺序显示,利用菜单"View"→"Sort"可以对指定当前窗口的列进行排序。如图 4.33 所示为在"Sort"对话框中选择不同的选项和符号表中不同排序方法。

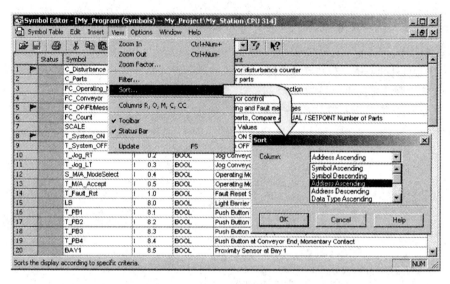

图 4.33　符号表排序

利用菜单"View"→"Columns R、O、M、C、CC"可以选择是否显示符号表中的"R,O,M,C,CC",它们分别表示监视属性、在 WinCC 里是否被控制和监视所以建议用信息属性和触点控制。

利用菜单命令"Symbol Table"→ "Import/Export"(导入/导出),可以用不同的文件格式编辑和存储符号表,便于在其他的程序中使用。可以选择的文件格式如下。

(1)ASCII 格式(∗.ASC):与 Notepad 和 Word 兼容。

(2)数据交换格式(∗.DIF):与 EXCEL 兼容。

(3)系统数据格式(∗.SDF):与 ACCESS 兼容。

(4)符号表(∗.SEQ):STEP5 符号表。

技 能 训 练 13

任务　编辑符号表

做什么

编辑成品分装单元的符号表。

(1)启动 SIMATIC 管理器→打开"成品分装单元"项目→点击"S7 Program"→双击"Symbol"。

(2)打开符号表"Symbol",输入成品分装单元的输入/输出信号地址、数据类型和描述等内容。

(3)存盘并编译符号表。

(4)关闭符号表界面。

4.3.5 块结构和块逻辑

PLC 的程序分为操作系统和用户程序。操作系统用来实现与特定的控制任务无关的功能,如处理 PLC 的启动、刷新输入/输出过程映像表、调用用户程序、处理中断和错误、管理存储区和处理中断等。用户程序由用户在 STEP7 中生成,然后将它们下载到 CPU 中。用户程序需要完成确定 CPU 暖启动或热启动的条件、处理构成数据、指定对中断相应和处理程序正常运行中的干扰等。

S7 系列 PLC 提供各种类型的块,可以存放用户程序和相关数据。根据处理的需要,程序可以由不同的块构成。

1. 块的类型

在 STEP7 中,块的类型有 OB、FB、FC、DB、SFB、SFC 和 SDB 等,它们之间的关系如图 4.34 所示。其中 OB、FB、FC、SFB 和 SFC 都包含部分程序,统称为逻辑块。

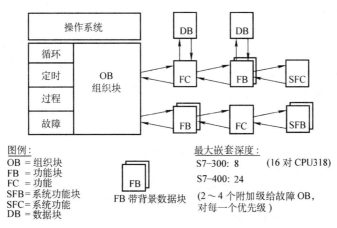

图 4.34   程序块之间的关系

1)组织块(OB)

组织块构成了操作系统和用户程序之间的接口,由操作系统调用。S7 提供大量的组织块,用于控制扫描循环、中断处理和 PLC 的启动和错误处理等。

组织块中的 OB1 用于循环处理,是用户程序的主程序,是用户程序中唯一不可缺少的程序块。操作系统每一次循环中调用一次组织块 OB1,可以把全部程序存在OB1 中,也可以把程序放在不同的块中,用 OB1 在需要的时候调用这些程序块。

2)功能块(FB)

功能块是用户编写自己存储区(背景数据块)的块。每次调用功能块时需要提供各种类型的数据给功能块,功能块也要返回变量给调用它的块。这些数据以静态变量的形式存放在指定的背景数据块(DB)中,临时变量存放在局域数据堆栈中。功能块执行完后,背景数据块中的数据不会丢失,但是不会保存局域数据堆栈中的数据。

编写调用功能块(FB)或系统功能块(SFB)的程序时,必须指定 DB 的编号,调用时 DB 会自动打开。编译 FB 或 SFB 时自动生成背景数据块中的数据,可以在用户程序中或通过 HMI 访问这些背景数据块。一个功能块可以有多个背景数据块,使功能块用于多个被控对象。

3）功能（FC）

功能是用户编写没有固定存储区（背景数据块）的块，其临时变量存储在局域数据堆栈中。FC 执行完后，数据就会丢失，可以用共享数据区存储功能结束后需要保存的数据，但不能为 FC 的局部数据分配初始值。

4）数据块（DB）

数据块用于存放执行用户程序时所需变量数据的数据区，其最大容量与 CPU 的型号有关。数据块中的数据类型有 BOOL（布尔量）、REAL（实数或浮点数）和 INT（整数）等。数据块分为共享数据块和背景数据块。

共享数据块（Share Block）存储的是全局数据，即所有的 OB、FB、FC 都可以从共享数据块中读取数据，或将数据写入共享数据块中。CPU 可以同时打开一个共享数据块和一个背景数据块。某逻辑块执行结束后，其局域数据区中的数据丢失，但是共享数据块中的数据不会被删除。

背景数据块（Instance Date Block）中的数据是自动生成的，它们是变量声明表中的数据。背景数据可用于传递参数，FB 的实参和静态数据存储在背景数据块中。调用功能块时应同时指定背景数据块的编号或符号，背景数据块只能被指定的功能块访问。一般而言，应先生成功能块，后生成它的背景数据块。

5）系统功能块（SFB）

系统功能块和系统功能是为用户提供已经编好程序的块，是操作系统的一部分，不占用程序空间。用户可以在用户程序中调用这些块，但用户不能修改它们。SFB 有存储功能，其变量保存在指定给它的背景数据块中。

6）系统功能（SFC）

系统功能是集成在 S7 CPU 的操作系统中预先编好程序的逻辑块，它没有存储功能，可以在用户程序中调用。

7）系统数据块（SDB）

系统数据块是由 STEP7 产生的程序存储区，包含系统组态数据，如硬件模块参数和通信连接参数等用于 CPU 操作系统的数据。

2. 插入块

在 SIMATIC 管理器中，从相应的"S7 Program"把"Blocks"点亮，选择菜单"Insert"→"S7 Block"中所列出的块的类型选项，选择所需要的块的类型后，就会打开一个属性对话窗，在其中可以输入块序号和选择使用的编程语言（LAD、STL 或 FBD）。根据块的类型，还可以设置其他的项目，完成设置并用"OK"确认后，就在当前程序下插入了一个新块，如图 4.35 所示。

3. 选择 STEP7 编程语言

在 STEP7 中，有几种编程语言可供选择。

（1）LAD（梯形图编程语言），与电路图很相似，采用诸如触点和线圈的符号。这种编程语言适用于熟悉接触器控制的技术人员。

（2）STL（语句表编程语言），对其他编程语言熟悉的程序员喜欢使用这种编程语言。

（3）FBD（功能块图编程语言）使用不同的功能"盒"，盒中的符号表示功能。例如：& 指"与"逻辑操作。功能块图在 STEP7 软件 V3.0 版本后提供。

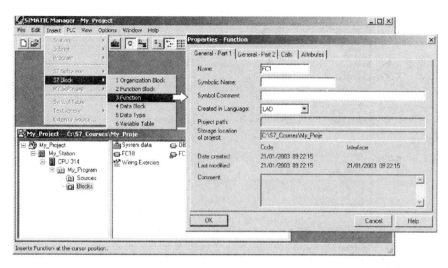

图 4.35　插入 S7 块

在生成程序过程中或生成程序之后,都可以进行编程语言的切换。如图 4.35 所示。在 LAD/STL/FBD 编辑器窗口,选择菜单"View",可实现编程语言的切换。

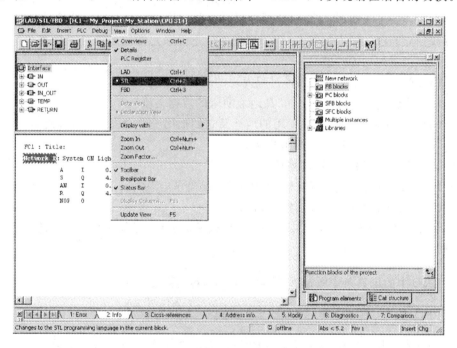

图 4.36　选择编程语言

图形化编程语言 LAD/FBD 编写的程序可转换成语句表 STL,这种转换在语句表中不是最有效的程序。STL 语言可转换成 LAD/FBD,但不是所有的语句表程序都能转换成 LAD 或 FBD,不能转换的程序仍用原语句表显示。不用担心在转换中会丢失程序。

4. 启动程序编辑器

双击 SIMATIC 管理器中的 S7 块,进入程序(LAD/STL/FBD)编辑器。程序编辑器窗口如图 4.37 所示。

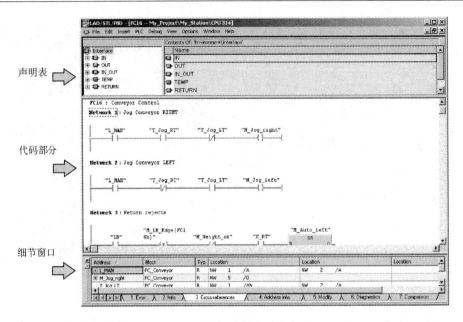

声明表　　　　代码部分　　　　细节窗口

图 4.37　程序编辑器窗口

声明表属于该块,用于为块声明变量和参数。代码区包含程序本身,如果需要可以分成独立的段。输入的指令(以 STL)及标注程序元件或运算符时检查语法。细节窗口提供下列功能和信息:

Error:列出语法检查及编译过程发现的语法错误;

Info:给出进一步的信息,如"某地址期望的数据类型";

Cross references:该段中使用的地址及它们被用于整个程序的什么地方;

Address info:监视段中使用的地址;

Modify:修改段中使用的地址;

Diagnostics:显示已有的过程诊断数据(仅当已组态时);

Comparison:"块比较"功能的快捷键。

常用的 LAD 和 FBD 元件在工具条中以图标出现,用鼠标点击可以把它们插入程序。

LAD 中的工具条中图标为 ⊣⊢⊣∕⊢─○─⌐??¬└┘┐┤⊢。

FBD 中的工具条中图标为 &≥1─□─┤??├┤├┤┤┤┤。

当点击工具条中的"新段"图标 时,就在当前段后面插入一个新段。也可以用鼠标右键并选"Insert network",插入新段。

5. 程序块的保存和调用

当完成块的编辑后,要把它保存到编程器的硬盘上,可通过选择菜单"File"→"Save"或通过点击工具条中的磁盘图标 完成。

为了让新产生的块集成在 CPU 的循环程序中,必须用 OB1 调用。在 LAD 和 FBD 语言插入块调用的最简单方法是利用浏览器,如图 4.38 所示。在 STL 语言块调用的指令是 CALL。

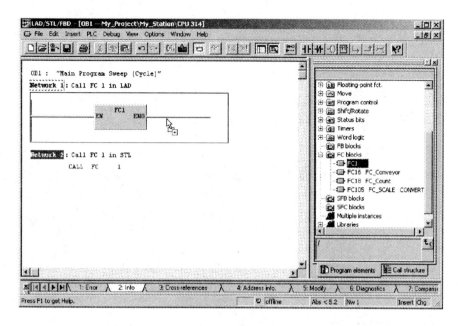

图 4.38　块的调用

被调用的块(子程序)必须满足下述 3 个条件才能被执行。

(1)已经下载到 PLC 中。

(2)必须在 OB1 调用。

(3)PLC 处于运行状态。

技 能 训 练 14

任务　简单程序调试

做什么

　　编写成品分装单元传送带的运行程序。当传送带开始端有工件时,传送带便开始运行,工件到达传送带末端被送入滑槽。工件一旦滑入滑槽,传送带就停止运行。

　　(1)在 SIMATIC Manager 中,打开成品分装单元项目,选择"Blocks"文件夹→"Insert"→"S7 Block"→"Function"→在属性窗口选择"LAD"作为编程语言。

　　(2)双击"FC 16"启动 LAD/STL/FBD Editor。

　　(3)用　打开程序元件浏览器。

　　(4)编辑 FC16 传送带程序。

　　(5)用　保存程序。

　　(6)在 OB1 中调用 FC 16。

　　(7)用　把块下载到 CPU 中。

　　(8)测试 FC 16。

6．建立新数据块

在 SIMATIC Manager 中，通过选择 S7 程序的 BLOCK（块文件夹）右键，或菜单"Insert"→"S7 数据块类型分为 Block"→"Date Block"，如图 4.39 所示选项菜单，插入新数据块（如 DB99）。

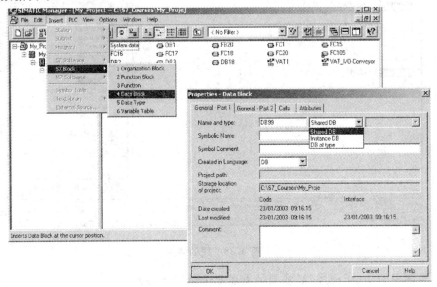

图 4.39　插入 DB99 数据块

数据块类型分为 Shared DB（共享数据块和 Instance DB（背景数据块）。

Shared DB 用于存储全局数据。所有逻辑块（OB、FC、FB）都可以访问所存储的信息。用户只能自己编辑全局数据块，通过在数据块中声明必需的变量以存储数据。

Instance DB 用作"私有存储器区"，即用作功能块（FB）的"存储器"。FB 的参数和静态变量安排在它的背景数据块中。背景数据块不是由用户编辑的，而是由编辑器生成的。

DB of Type 根据用户定义的数据类型（UDT）生成。用户必须像编辑数据块一样编辑 UDT，并用作模板。

7．输入、保存、下载和监视数据块

1）输入

LAD/STL/FBD 程序编辑窗口，数据块变量在"声明显示"中输入，用户在这里声明用于存储数据所需的变量。在表中生成的变量以行和列安排，如图 4.40 所示。

列的含义如下：

Address：变量占用的第一个字节地址，由程序编辑器输入；

Name：变量的符号名；

Type：数据类型（INT，REAL……。用鼠标右键选择）；

Initial value：为变量设定一个缺省值，当数据块第一次生成或编辑时，如果不输入，就自动以 0 为初始值；

Comment：变量的说明（可选）。

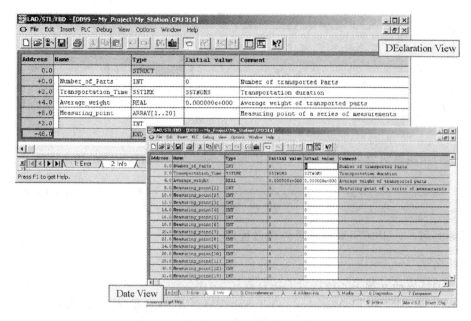

图 4.40　数据块变量在声明表中的显示

2) 保存

利用"磁盘"图标 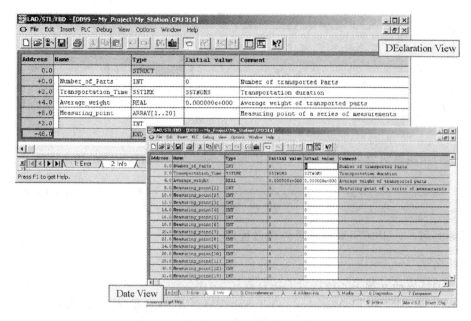 可以把数据块保存到编程器的硬盘上。

3) 下载

如逻辑块一样,利用图标 把数据块下载到 CPU。

4) 监视

可以在线监视数据块中的变量当前值(CPU 中的变量的值)。首先要在"View"菜单中切换到"Data View"(数据显示)。也可以利用工具条中的"眼镜"图标 监视数据块。

4.3.6　S7—PLCSIM 仿真软件的应用

1. S7—PLCSIM 的主要功能

S7—PLCSIM 主要是在计算机上对 S7—300 PLC 的用户程序进行离线仿真与调试,模拟 PLC 的输入/输出存储器区,来控制程序的运行,观察有关输出变量的状态。在运行仿真 PLC 时,可以使用变量表和程序状态等方法来监视和修改变量;可以对大部分组织块(OB)、系统功能块(SFB)和系统功能(SFC)仿真。

2. S7—PLCSIM 仿真软件调试程序的步骤

(1) 在 STEP7 编程软件中生成项目,编写用户程序。

(2) 打开 S7—PLCSIM 窗口,自动建立了 STEP7 与仿真 CPU 的连接。仿真 PLC 的电源处于接通状态,CPU 处于 STOP 模式,扫描方式为连续扫描。

(3) 在管理器中打开要仿真的项目,选中"Blocks"对象,点击工具条中的下载按钮,或执行菜单命令"PLC"→"Dowload",将所有的块下载到仿真 PLC。

(4) 生成视图对象。点击 S7—PLCSIM 工具条中标有"I"的按钮或执行菜单命令"Insert"→"Input Variable",创建输入字节 IB 视图对象。同类方法生成 QB、MB、T、C 等形式输出,见图 4.41 仿真窗口。

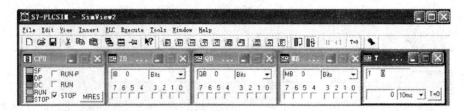

图 4.41   S7－PLCSIM 仿真窗口

(5)用视图对象来模拟实际 PLC 的输入/输出信号,检查下载的用户程序是否正确。

技 能 训 练 15
任务   用 S7－PLCSIM 仿真软件调试程序
做什么 调试成品分装单元传送带的运行程序。 (1)在 SIMATIC Manager ,打开 S7－PLCSIM 仿真器,插入新 CPU。 (2)插入 IB、QB、MB 等视图对象。 (3)用![sim]把块下载到 CPU 中。 (4)打开程序块。 (5)用![eye]测试程序。

第 5 章

S7－300 编程语言和指令系统

学习目标

1. 了解数据类型和基本编程语言。
2. 能够使用和编程开关量逻辑操作。
3. 能够正确使用计数器和定时器指令。
4. 掌握顺序功能图的设计方法,能够正确选择和使用顺序功能图。
5. 能够熟练使用 S7－Graph 编程语言。

STEP7 是 S7—300 PLC 的编程软件,梯形图(LAD)、语句表(STL)和功能块图(FBD)是标准的 STEP7 软件包配备的 3 种编程语言,这 3 种语言可以在 STEP7 中相互转换。STEP7 还有多种编程语言供用户选用,如顺序功能图语言(SFC)、结构文本(ST)和 S7 HiGraph 编程语言等。

5.1 S7—300 编程语言与数据类型

梯形图、语句表和功能块图是标准的 STEP7 中的 3 种基本编程语言,它们可以相互转换。

5.1.1 STEP7 编程语言

1. 梯形图(LAD)

梯形图(LAD)是一种图形语言,直观易懂,适合于熟悉继电器控制电路的用户使用,特别适用于数字量逻辑控制,如图 5.1 所示。

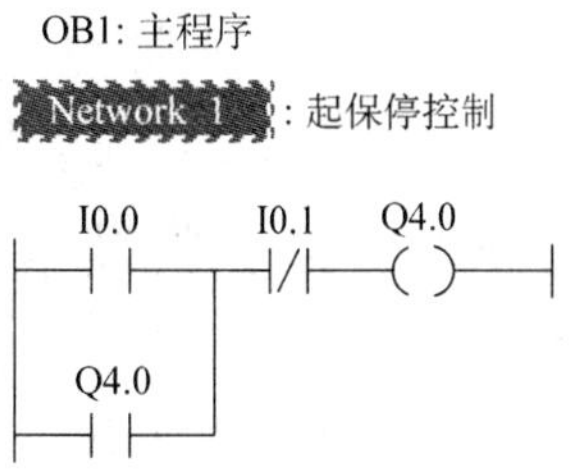

梯形图由触点、线圈和方框表示的指令框组成。触点代表逻辑输入条件,如外部输入开关、按钮信号或内部位元件。线圈代表逻辑输出结果,控制外部的负载或内部标志位等。指令框用来表示定时器、计数器及数学

图 5.1 梯形图

运算等指令。使用编程元件可以直接生成或编辑梯形图,并将它下载到 PLC。

线圈和触点等组成的独立电路称为网络,用 Network 表示,并且自动生成网络编号。在网络中,程序的逻辑运算从左向右的方向执行,网络之间自上向下顺序执行,执行所有的网络后,返回网络 1(Network1)以备下一循环重新开始执行。

2. 语句表(STL)

语句表(STL)是一种类似于计算机汇编语言的文本编程语言,由多条语句组成一个程序段。语句表可以实现某些不能用梯形图或功能块图语言表示的功能。如图 5.2 所示为 STL 编程语言编写的电动机起保停控制程序。

```
OB1: 主程序
Network 1 : 起保停控制
A(
O       I       0.0
O       Q       4.0
)
AN      I       0.0
=       Q       4.0
```

图 5.2   语句表

3. 功能块图(FBD)

功能块图(FBD)使用类似于布尔代数的图形逻辑符号来表示控制逻辑,一些复杂的功能用(如数学运算功能)指令框表示。如图 5.3 所示,功能块图用类似于"与门"和"或门"的方框表示逻辑运算关系,方框的左边为逻辑运算的输入变量,右边为输出变量,输入、输出端的小圆圈表示"非"运算,方框被导线连在一起,信号自左向右传递。图 5.3 表示的逻辑关系与图 5.1 和图 5.2 相同,三者可以在 STEP7 中相互转换。

OB1: 主程序

Network 1 : 起保停控制

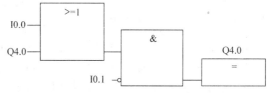

图 5.3   功能块图

4. 顺序功能图

顺序功能图(SFC)是一种图形化编程语言,用来编制顺序控制程序。利用 S7-Graph 顺序控制编程语言,可以清晰地表达复杂的顺序控制过程。在这种语言中,工艺过程被划分为几个步,步中包含控制输出的动作,从一步到另一步由转换条件控制。PLC 的程序结构清楚易懂,在后面章节将有详细介绍。

其他几种编程语言相对而言比较复杂,本节不再介绍,有兴趣的读者可参阅西门子编程手册或其他参考书籍。

5.1.2   S7—300 PLC 的数据类型

STEP7 有 3 种数据类型,即基本数据类型、复杂数据类型和参数类型。

1. 基本数据类型

基本数据类型主要有位数据类型、数学数据类型和定时器类型,数据长度不超过 32 位,符合 IEC1131—3 的规定。基本数据类型可以用 STEP7 基本指令处理,具体见表 5.1。

表 5.1　基本数据类型

数据类型	长度（位）	数据与范围	说明与举例	
BOOL（位）	1	False/ Ture(0/1)	包含一个位，如 I0.1、M4.0	
BYTE（字节）	8	0～255	不按位方式处理	IB1、MB4、B＃16＃A9
WORD（字）	16	W＃16＃0000～W＃16＃FFFF		IW0、MW4、W＃16＃12AF
DWORD（双字）	32	DW＃16＃0000＿0000～DW＃16＃FFFF＿FFFF		MDW4、DW＃16＃ADAC1EF5
CHAR（字符）	8	ACSⅡ字符		"W"、"A"
INT（整数）	16	－32 768～＋32 767	用于算术操作中的数	－321、123
DINT（常数）	32	－2 147 483 648～＋2 147 483 647		L＃655436
REAL（浮点数）	32	±1.754 95×10^{-38}～±3.402 823×10^{38}		1.2 或 34.5E－12
S5TIME	32	S5T＃0H＿0M＿10MS～S5T＃2H＿46M＿30S	可以用小时、分钟、秒或毫秒指定，带下划线和不带下划线均可，如 ST5＃35S	
TIME	32	T＃ －24D＿20H＿31M＿23S＿648MS～T＃ 24D＿20H＿31M＿23S＿647MS	指定 IEC 定时器功能的时间值，变量以毫秒为单位，可以是整数或负数，如 T＃1S、T＃24D20H30M23S670MS	
DATE	32	D＃1990＿1＿1～D＃2168＿12＿31	以无符号整数形式占用一个字，如 D＃2168＿12＿31＝W＃16＃FF62	
TIME＿OF＿DAY	32	TOD＃0：0：0.0～TOD＃23：59：59.999	占用一个双字，包含用无符号整数的形式表示的从每天开始（0：00 时钟）的毫秒数，如 TOD＃23：59：59：999＝DW＃16＃05265B77	

2. 复杂数据类型

复杂数据类型（矩阵和结构）由一组基本或复杂数据类型组成，主要有数组、结构、字符串、日期和时间、用户定义的数据类型等，具体见表 5.2。

STEP7 的指令不能一次处理复杂的数据类型（大于 32 位），但是一次可以处理一个元素。这样可以建立特定的数据类型，利用它可以结构化大量的数据，并且可以用符号进行处理。

复杂数据类型要预定义。数据类型 DATE＿AND＿TIME 有 64 位长。矩阵、结构和字符串的数据类型长度由用户确定。复杂数据类型的变量只能在全局数据块中声明，可以作为逻辑块的参数或局部变量。

表 5.2　复杂数据类型

数据类型	长度(位)	说明	举例	
DATE _ AND _ TIME (日期和时间)	64(8 个字节)	存储年、月、日、时、分、秒、毫秒和星期，BCD 格式	DT♯97－09－24－12：14：55.0	
STRING (字符串)	8×(字符个数＋2)	最多 256 个字符	This is a string′SIEMENS	
ARRAY (数组)	用户定义	相同类型的数据组合	Measured value：ARRAY[1..20] INT	
STRUCT (结构)	用户定义	不同类型的数据组合	Motor：STRUCT Speed：INT Current：REAL END _ STRUCT	
UDT (用户定义数据)	用户定义	基本或复杂数据类型组成的模板可以在 DB 块或变量声明表中定义	UDT 作为块 STRUCT Speed：INT Current：REAL END _ STRUCT	UDT 作为 array 元素 Drive：AR- RAY [1..4] UDT1

3. 参数类型

参数类型是为在逻辑块之间传递参数的形式而定义的数据类型，包括 TIMER、COUNTER、BLOCK、POINTER 和 ANY。

TIMER(定时器)和 COUNTER(计数器)：指定定时器和计数器时对应的实参编号，如 T2 和 C5 等。

BLOCK(块)：指定一个块用作输入和输出类型，参数声明决定了块的类型，如 FB、FC 和 DB 等。实参为同类型块的绝对地址编号或符号，如 FB2 和 DB10 等。

POINTER(指针)：指向一个变量的地址，即用指针作为实参。

ANY：用于传递 DB、数据地址、数据数量及数据类型，占 10 个字节。

5.2　S7—300 CPU 的存储区

5.2.1　存储器

S7—300 CPU 的存储器有 3 个基本区域。

1. 装载存储器

从 2002 年 10 月以后的 S7—300 PLC 的微存储器卡(MMC)都用作 CPU 的装载存储器，用于存储逻辑数据块以及系统数据(硬件组态、通讯连接等)。MMC 内容具有保持特性。

如果从 PG 下载一个块或整个用户程序到 CPU,这些信息也存储到 MMC 卡上,可执行的块自动就拷贝到工作存储器(RAM)。当插入 MMC 卡时才可以下载一个块或用户程序到 CPU 以及运行 CPU。每次 MMC 卡被插入或拔出时都需要存储器复位。

2. 工作存储器

工作存储器集成在 CPU 上并且仅包含和运行程序有关的 S7 部分程序。复位 CPU 的存储器时,RAM 中的程序被清除。

3. 系统存储器

系统存储器是 CPU 为用户程序提供的存储器部件,被划分为以下几个存储器区域:过程映象输入和输出表(PII/PIQ)、位存储器(M)、定时器(T)、计数器(C)和局部数据(L)等。使用指令可以在相应的地址范围内对数据直接寻址。表 5.3 为系统存储器的存储区域。

表 5.3　系统存储器的存储区域

存储器	访问单位	地址范围	功能
输入过程映像区 (I)	输入位(I)	0.0～65 535.7	在每次执行 OB1 扫描程序的开始,操作系统从现场读取输入信号复制到输入过程映像区中,供程序在循环处理中使用
	输入字节(IB)	0～65 535	
	输入字(IW)	0～65 534	
	输入双字(IDW)	0～65 532	
输出过程映像寄存器区(Q)	输出位(Q)	0.0～65 535.7	在扫描循环过程中,将程序运算输出值写入输出映像区。在扫描循环结束时,操作系统从这一区域读出并将之传送至输出模块
	输出字节(QB)	0～65 535	
	输出字(QW)	0～65 534	
	输出双字(QDW)	0～65 532	
位存储器(M)	存储位	0.0～255.7	用于存放用户程序的中间结果或标志位
	位存储字节	0～255	
	位存储字	0～254	
	位存储双字	0～252	
定时器(T)	定时器	0～255	用于定时器的数据存储大区域
计数器(C)	计数器	0～255	用于计数器的数据存储区域
外设输入(PI)	外设输入字节	0～65 535	使用户程序直接访问输入模块
	外设输入字	0～65 534	
	外设输入双字	0～65 532	
外设输出(PQ)	外设输出字节	0～65 535	使用户程序直接访问输出模块
	外设输出字	0～65 534	
	外设输出双字节	0～65 532	
共享数据块(DB)	数据位	0.0～65 535.7	可供所有的逻辑块使用,可用 "OPEN DB"指令打开
	数据字节	0～65 535	
	数据字	0～65 534	
	数据双字	0～65 532	
背景数据块(DIB)	数据位	0.0～65 535.7	背景数据块与某一功能块或系统功能块相关联,可用"OPEN DIB"指令打开
	数据字节	0～65 535	
	数据字	0～65 534	
	数据双字	0～65 532	
局域数据(L)	局域数据位	0.0～65 535.7	用于保存 FB、FC 中使用的临时数据,当 FB、FC 执行结束时这些数据将丢失
	局域数据字节	0～65 535	
	局域数据字	0～65 534	
	局域数据双字	0～65 532	

5.2.2　寄存器

1. 累加器

S7—300 有两个 32 位累加器(ACCU1 和 ACCU2),用于处理字节、字或双字。可以把操作数送入累加器,并在累加器中进行运算和处理,保存在 ACCU1 的运算结果可以传送到存储区。当处理 8 位或 16 位数据时,数据放在累加器的低端(右对齐)。

2. 状态字寄存器

状态字的结构如图 5.4 所示,是一个 16 位的寄存器,用于存储 CPU 执行指令的状态。执行指令时可能改变状态字中的某些位,用位逻辑指令和字逻辑指令可以访问和检测它们。注意状态字的第 9～15 位没有使用。

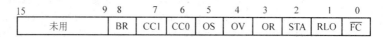

15		9	8	7	6	5	4	3	2	1	0
未用			BR	CC1	CC0	OS	OV	OR	STA	RLO	$\overline{FC}$

图 5.4　状态字寄存器

$\overline{FC}$(首位检测位):若该位的状态位是"0",则表明一个梯形逻辑网络的开始,或指令为逻辑串的第一条指令。首次检测结果直接保存在 RLO 位中,该位在逻辑串的开始时总是"0"。

RLO(逻辑运算结果):该位用来存储执行位逻辑指令或比较指令的结果。RLO ="1",表示有能流流到梯形图中运算点处;RLO="0",表示无能流到该点。

STA(状态位):执行位逻辑指令时,STA 总是与该位的值一致。

OR("或"位):在先"与"后"或"的逻辑运算中,OR 位暂存逻辑"与"的操作结果。

OV(溢出位):如果算术运算或浮点数比较指令执行时出现错误,溢出位被置 1。当后面同类指令执行结果正常时该位被清零。

OS(溢出状态保持位):保存 OV 位,用于指明前面指令执行过程中是否产生过错误。只有 IOS 指令、块调用指令和块结束指令才能复位 OS 位。

CC0(条件码 0)和 CC1(条件码 1):二者综合用于表示在累加器中产生的算术运算或逻辑运算的结果与 0 的大小关系、比较指令的执行结果或移位指令的移出位状态。

BR(二进制结果位):用于表示字操作结果是否正确。

3. 数据块寄存器

DB 和 DI 寄存器分别用于保存打开的共享数据块和背景数据块的编号。

4. 诊断缓冲区

诊断缓冲区是系统状态列表的一部分,包括系统诊断事件和用户定义的诊断事件信息。这些信息按它们出现的顺序排列,第一行是最新的事件。

诊断事件包括模块的故障、写处理的错误、CPU 中的系统错误、CPU 的运行模式切换错误、用户程序的错误和用户系统功能 SFC52 定义的诊断错误。

5.3　S7—300 指令系统

位逻辑指令用于二进制的逻辑运算,二进制只有 0 和 1 两个值。位逻辑运算的结果简称为 RLO。

5.3.1 位指令

1. 位逻辑指令

位逻辑指令包括"与"、"或"、"异或"、"赋值"等基本指令,具体分析见表 5.4。

表 5.4 位逻辑指令

指令	LAD	FBD	STL
与	I0.1 I0.2 Q4.1 ┤├─┤/├──( )─┤	& 框 I0.1 I0.2○ Q4.1 =	A I 0.1 AN I 0.2 = Q 4.1
	A(AND,"与")串联常开触点,常开触点对应地址为"1"闭合;AN(AND NOT,"与非")串联常闭触点,常闭触点对应地址为"0"闭合		
或	I0.2 Q4.2 ┤├──( )─┤ I0.3 ┤├	>=1 框 I0.2 I0.3 Q4.2 =	0 I 0.2 0 I 0.3 = Q 4.2
	O(OR,"或")并联常开触点,ON(OR NOT,"或非")并联常闭触点		
异或	I0.4 I0.5 Q4.3 ┤├─┤/├──( )─┤ I0.5 I0.4 ┤/├─┤├	I0.4 & I0.5 >=1 I0.5 & I0.4 Q4.3 =	A I 0.4 AN I 0.5 0 AN I 0.5 A I 0.4 = Q 4.3
		XOR 框 I0.4 I0.5 Q4.3 =	X I 0.4 X I 0.5 = Q 4.3
	异或(XOR)操作满足下面的规则:当两个信号中有一个满足时,输出信号状态才是"1"		
中线输出	I1.0 I1.1 M10.0 I1.2 Q4.7 ┤/├┤/├┤/├(#)┤├──( )─┤	I1.0○ & M10.0 I1.1○ # I1.2 & Q4.7 =	AN I 1.0 AN I 1.1 = M 10.0 A M 10.0 A I 1.2 = Q 4.7
	用该元件指定的地址保存它左边电路的逻辑运算结果,只能放在梯形图的中间,仅存在于 LAD 和 FBD 图形语言。它是中间赋值元件,它把当前 RLO 赋值到指定地址(画面中的 M10.0)。中线输出线圈为同一段后续运算提供相同地址		

续表

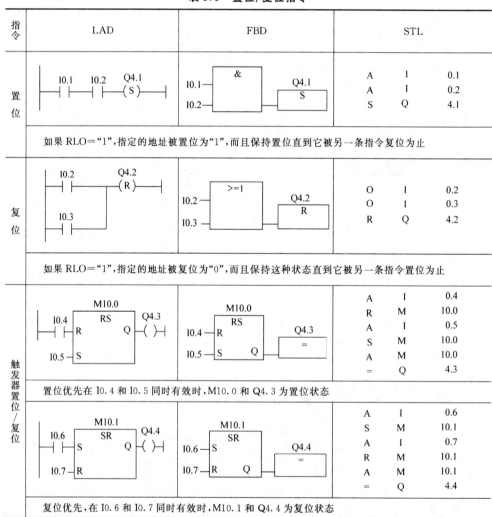

指令	LAD	FBD	STL
赋值	I0.1 I0.2 Q4.1	10.1 10.2 & Q4.1 =	A I 0.1 A I 0.2 = Q 4.1
	赋值指令"="与线圈相对应,把 RLO 传送到指定的地址(Q, M, D),当 RLO 变化时,相应地址的信号状态也变化		

2. 置位/复位指令

置位/复位指令的使用见表 5.5。

表 5.5　置位/复位指令

指令	LAD	FBD	STL
置位	I0.1 I0.2 Q4.1 (S)	10.1 10.2 & Q4.1 S	A I 0.1 A I 0.2 S Q 4.1
	如果 RLO="1",指定的地址被置位为"1",而且保持置位直到它被另一条指令复位为止		
复位	I0.2 Q4.2 (R) I0.3	10.2 10.3 >=1 Q4.2 R	O I 0.2 O I 0.3 R Q 4.2
	如果 RLO="1",指定的地址被复位为"0",而且保持这种状态直到它被另一条指令置位为止		
触发器置位/复位	M10.0 I0.4 RS Q4.3 ( ) R Q I0.5 S	M10.0 I0.4 RS Q4.3 R = I0.5 S Q	A I 0.4 R M 10.0 A I 0.5 S M 10.0 A M 10.0 = Q 4.3
	置位优先在 I0.4 和 I0.5 同时有效时,M10.0 和 Q4.3 为置位状态		
	M10.1 I0.6 SR Q4.4 ( ) S Q I0.7 R	M10.1 I0.6 SR Q4.4 S = I0.7 R Q	A I 0.6 S M 10.1 A I 0.7 R M 10.1 A M 10.1 = Q 4.4
	复位优先,在 I0.6 和 I0.7 同时有效时,M10.1 和 Q4.4 为复位状态		

3. 边沿检测指令

边沿检测指令的使用见表 5.6。

表 5.6　边沿检测指令

指令	LAD	FBD	STL
R L O 边 沿 检 测	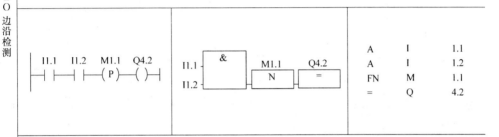		A　I　0.1 A　I　0.2 FP　M　1.0 =　Q　4.1

　　"P"RLO 上升沿检测,检测该地址(M1.0)从"0"到"1"的信号变化,并在该指令后(如 Q4.1)以 RLO ＝"1"显示一个扫描周期。允许系统检测边沿变化,RLO 也必须保存在一个 FP 标志(例如:M 1.0)中或数据位中

| | | | A　I　1.1
A　I　1.2
FN　M　1.1
=　Q　4.2 |

　　"N"RLO 下降沿检测,检测该地址(M1.1)从"1"到"0"的信号变化,并在该指令后(如 Q4.2)以 RLO ＝"1"显示一个扫描周期。允许系统检测边沿变化,RLO 也必须保存在一个 FN 标志(例如:M 1.1)中或数据位中

| **信 号 边 沿 检 测** | 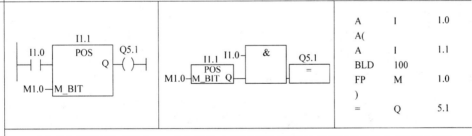 | | A　I　1.0
A(
A　I　1.1
BLD　100
FP　M　1.0
)
=　Q　5.1 |

　　POS 信号上升沿检测,只要 I1.0＝"1",当 I1.1 从"0"变化到"1"时,"POS"检查指令在输出上产生一个扫描周期的"1"状态。要允许系统检测边沿变化,I1.1 的信号状态必须保存到一个 M_BIT (位存储器或数据位)中,例如:M 1.0

| | 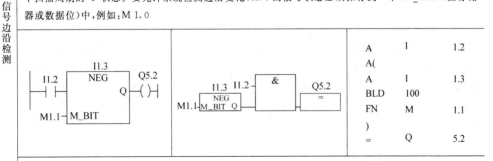 | | A　I　1.2
A(
A　I　1.3
BLD　100
FN　M　1.1
)
=　Q　5.2 |

　　NEG 下降沿检测,只要 I 1.2＝"1",当 I1.3 从"1"变化到"0"时,"NEG"检查指令在输出上产生一个扫描周期的"1"状态。要允许系统检测边沿变化,I 1.3 的信号状态必须保存到一个 M_BIT (位存储器或数据位)中,例如:M 1.1

技 能 训 练 16

任务　练习基本逻辑操作指令

目标

　　理解通用逻辑元件和组合位逻辑操作,熟悉 S7 LAD/FBD/STL 编辑器并输入逻辑操作。

做什么

　　(1)在 FC1 中按照表 5.4 和表 5.5 的示例输入逻辑指令。对每一个功能使用一个程序段。

　　(2)打开 OB1,输入 FC1 调用指令。

　　(3)保存程序,下载到仿真器中调试。

技 能 训 练 17

任务　传动带自动运行

说明　当工件放在传送带的初始位置时,传送带开始运行;当工件滑向滑槽时,传送带停止。

目标

　　理解复位和边沿指令的逻辑操作,熟悉 S7 LAD/STL/FBD 编辑器并输入逻辑操作指令。

做什么

　　(1)把工件放在传送带初始位置,接收传感器检测的正边沿信号,控制传感器运行。工件滑入滑槽阻挡光栅的边沿信号控制传感器复位。

　　(2)在 FC2 中用程序编辑器编写程序。

　　(3)打开 OB1,调用 FC2。

　　(4)程序下载到成品分装单元 CPU 中,并调试。

5.3.2　定时器指令

　　1.定时器参数

　　定时器相当于继电器电路中的时间继电器。S7—300 定时器分为脉冲定时器(SP)、扩展脉冲定时器(SE)、接通延时定时器(SD)、保持接通延时定时器(SS)和断电延时定时器(SF)。S7 的 CPU 专为定时器保留了存储区域,每个定时器有一个 16 位的字和一个二进制的位。定时器的字用于存放当前的存储时间值,定时器触点的状态由它的位的状态决定。

　　1)定时器的时间格式

　　定时器的字由 3 位 BCD 码时间值(0～999)和时间基准(简称时基)组成,如图 5.5 所示。时间值以指定的时基为单位,在 CPU 内部以二进制格式存放,占定时器字的0～9位。按下列形式将时间预置值装入累加器的低位字。

图 5.5　定时器的时间格式

十六进制数 W♯16♯wxyz：w 是时基，xyz 是 BCD 码的时间值。

S5T♯aH _ bM _ cS _ dMS：H 为小时，M 为分钟，S 为秒，MS 为毫秒；a、b、c、d 为用户设定的值。可输入的最大时间值是 9 990S，或 2H _ 46M _ 30S。时基是 CPU 自动选择，选择的原则是在定时范围要求的条件下选择最小的时基。

2）时基

定时器的第 12 和 13 位用于时基，时基定义一个单位时间数量的间隔，当定时器运行时，该间隔是按单位逐个递减。实际的定时时间等于时间值乘以时基值。定时器时基设置见表 5.7，最大的时基是 10 s，最小的时基是 10 ms。

表 5.7　定时器时基设置

时基	时基的二进制码
10 ms	00
100 ms	01
1 s	10
10 s	11

3）定时器指令符号

定时器指令有 3 种形式：块图指令、定时器线圈和 STL 指令。图 5.6 为定时器指令符号。

指令符号意义如下。

Tno.：定时器编号，其范围与 CPU 型号有关。

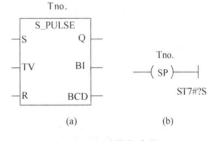

图 5.6　定时器指令符号

(a)块图指令；(b)线圈符号

S：启动信号输入端，当 S 端信号由"0"变到"1"时，定时器启动。

R：复位信号输入端，当 R 端信号由"0"变到"1"时，定时器复位，即清除定时器中的时间当前值和时基，而且输出 Q 复位。

TV：预置值输入端，最大设置时间为 9 990 s，按 S5 时间格式输入。

Q：定时器位输出端。

BI：不带时基的十六进制格式当前时间值输出端。

BCD：BCD 格式的时间当前值和时基输出端。

其他定时器指令符号格式和输入输出端的意义相同，只是助记符不同。

STL 编程语言是一种类似汇编语言的 PLC 编程语言，除了再启动功能外，与表 5.5 中 STL、LAD、FBD 程序及时序图功能相同，具体说明见表 5.8。

表 5.8　定时器 STL 编程语言

指令		说明
（A	I0.3）	
（FR	T1）	运行定时器 T1 再启动
A	I0.1	启动信号
L	S5T#30S	预置定时时间 30 s 送入累加器
SP	T1	启动 T1
A	I0.2	复位信号
R	T1	复位 T1
L	T1	将 T1 的十六进制时间当前值装入累加器 1
T	MW0	将累加器 1 的内容传送到 MW0 中
LC	T1	将 T1 的 BCD 时间当前值装入累加器 1
T	QW6	将累加器 T 的内容传送到 QW6 中
A	T1	检查 T1 的信号状态
=	Q4.1	T1 定时器的位为 1 时,Q4.1 线圈通电

2. 脉冲定时器

脉冲定时器(S_PULSE,Pules S5 Timer)类似于数字电路中上升沿触发的单稳态电路,表 5.9 为脉冲定时器指令示例。

表 5.9　脉冲定时器指令示例

LAD	FBD	STL

当 R 端即 I0.2 为"0",I0.1 的常开触点由断开("0")变为接通("1")时,S 端信号的 RLO 出现上升沿,则定时器启动,从预置值开始倒计时,Q 端输出"1"。此时,若 S 端保持"1",定时继续,Q 端输出保持"1"。当定时当前值为"0",Q 端输出由"1"变为"0"。在定时期间,若 S 信号由"1"变为"0",即 RLO 出现下降沿,则定时器停止,Q 端输出为"0",但保持当前值。当 S 端 RLO 再次出现上升沿,定时器从预置值重新开始计时。无论何种情况,只要 R 端出现上升沿,定时器就停止工作,其常开触点复位,Q 端输出为"0",同时清除定时器中的时间当前值和时基

3. 扩展脉冲定时器(S_PEXT)

表 5.10 为扩展脉冲定时器指令示例。

表 5.10　扩展脉冲指令应用

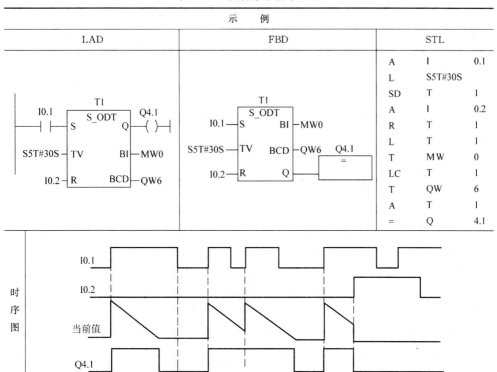

示 例		
LAD	FBD	STL

STL部分：
```
A    I      0.1
L    S5T#30S
SD   T      1
A    I      0.2
R    T      1
L    T      1
T    MW     0
LC   T      1
T    QW     6
A    T      1
=    Q      4.1
```

工作过程描述：
当 R 端为"0",S 端信号的 RLO 出现上升沿,则定时器启动,从预置值开始倒计时,Q 端输出"1"。不论 S 端是否保持"1",定时继续,Q 端输出保持"1"。当定时当前值为"0",Q 端输出由"1"变为"0"。在定时期间,若 S 端 RLO 再次出现上升沿,定时器从预置值重新开始计时。无论何种情况,只要 R 端出现上升沿,定时器就停止工作

4. 接通延时定时器

接通延时定时器是使用最多的定时器,有的 PLC 只有接通延时定时器。表 5.11 为接通延时定时器指令示例。

表 5.11　接通延时定时器指令示例

LAD	FBD	STL

STL部分：
```
A    I      0.1
L    S5T#30S
SP   T      1
A    I      0.2
R    T      1
L    T      1
T    MW     0
LC   T      1
T    QW     6
A    T      1
=    Q      4.1
```

续表

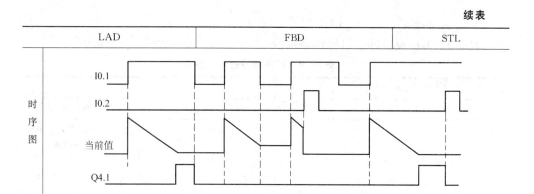

LAD	FBD	STL

时序图	（时序图，包含 I0.1、I0.2、当前值、Q4.1 波形）
工作过程描述	当 R 端为"0"，S 端信号的 RLO 出现上升沿，则定时器启动，从预置值开始倒计时。此时，若 S 端保持"1"，定时继续。当定时时间到，且 S＝"1"，Q 端输出变为"1"。在定时期间，若 S 信号由"1"变为"0"，即 RLO 出现下降沿，则定时器停止，Q 端输出为"0"，但保持当前值。当 S 端 RLO 再次出现上升沿，定时器从预置值重新开始计时。无论何种情况，只要 R 端出现上升沿，定时器就停止工作，其常开触点复位，Q 端输出为"0"，同时清除定时器中的时间当前值和时基

5. 保持型接通延时定时器

表 5.12 为保持型接通延时定时器指令示例。

表 5.12　保持型接通延时定时器指令示例

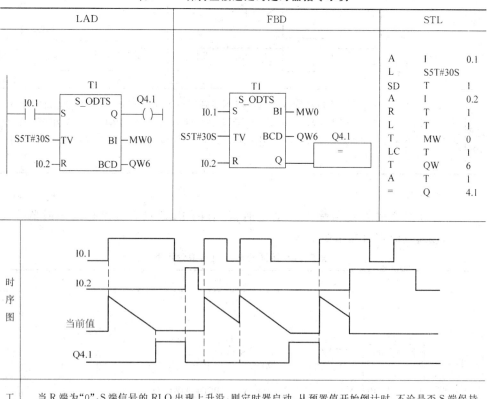

LAD	FBD	STL
（LAD 图：T1 S_ODTS 功能块，I0.1—S，S5T#30S—TV，I0.2—R，Q—Q4.1，BI—MW0，BCD—QW6）	（FBD 图：T1 S_ODTS 功能块，I0.1—S，S5T#30S—TV，I0.2—R，BI—MW0，BCD—QW6，Q—Q4.1）	A　　I　　0.1 L　　S5T#30S SD　T　　1 A　　I　　0.2 R　　T　　1 L　　T　　1 T　　MW　0 LC　T　　1 T　　QW　6 A　　T　　1 ＝　　Q　　4.1

时序图	（时序图，包含 I0.1、I0.2、当前值、Q4.1 波形）
工作过程描述	当 R 端为"0"，S 端信号的 RLO 出现上升沿，则定时器启动，从预置值开始倒计时，不论是否 S 端保持"1"，定时继续。当定时时间到，Q 端输出变为"1"。在定时期间，若 S 信号由"0"变为"1"，即 RLO 又出现上升沿，定时器从预置值重新开始计时。无论何种情况，只要 R 端出现上升沿，定时器就停止工作，其常开触点复位，Q 端输出为"0"，同时清除定时器中的时间当前值和时基

6. 断开延时定时器

表 5.13 为断开延时定时器指令示例。

表 5.13　断开延时定时器指令示例

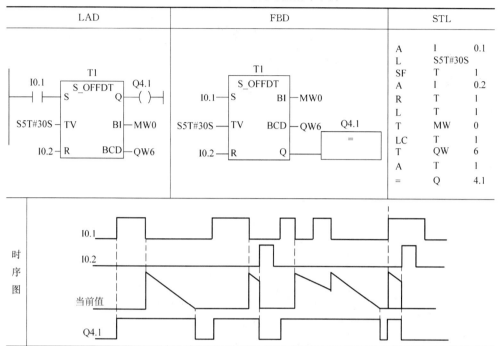

LAD	FBD	STL
		A　　I　　0.1 L　　S5T#30S SF　T　　1 A　　I　　0.2 R　　T　　1 L　　T　　1 T　　MW　0 LC　T　　1 T　　QW　6 A　　T　　1 =　　Q　　4.1

时序图	

功能描述　当 R 端为"0",S 端信号的 RLO 出现上升沿,Q 端输出为"1",定时器时间值保持不变停止计时。如果 S 端由"1"变为"0",即 RLO 出现下降沿,定时器从预置值开始启动定时。当定时时间到,Q 端输出变为 "0"。在定时期间,若 S 信号又由"1"变为"0",即 RLO 又出现下降沿,定时器从预置值重新开始计时。无论何种情况,只要 R 端出现上升沿,定时器就停止工作,其常开触点复位,Q 端输出为"0",同时清除定时器中的时间当前值和时基

技 能 训 练 18

任务　用两个定时器组成时钟发生器

任务要求

只要输入开关 I1.7 满足 ON,输出 Q5.7 就闪烁,ON 和 OFF 的宽度可以改变。当开关 I1.7 断开时,输出立即断开。时序关系如图 5.7 所示。

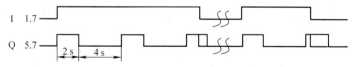

图 5.7　二定时器时钟发生器时序

做什么

(1)建立技能定时器技能训练项目,进行硬件组态。

(2)插入子程序块 FC1,用 LAD 或 FBD 编程语言设计程序,并保存。

(3)在 OB1 中仅调用 FC1,下载到 PLC 的 CPU 中。

(4)将 PLC 置为 RUN 并测试程序。

技　能　训　练 19

任务　用单定时器构成闪烁频率发生器

任务要求

　　用单定时器构成闪烁频率信号产生的程序,用于故障显示。当电路发生故障时,调用故障闪烁程序。闪烁频率发生器的参考程序如图 5.8 所示。

程序参考

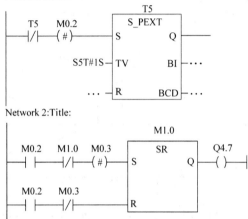

图 5.8　单定时器时钟发生器时序

做什么

　　(1)在技能训练项目中插入子程序块 FC2,用 LAD 或 FBD 编程语言设计闪烁频率发生器程序,并保存。

　　(2)在 OB1 中仅调用 FC2,下载到 PLC 的 CPU 中。

　　(3)将 PLC 置为 RUN 并测试程序。

　　(4)更改闪烁频率为 2 Hz。

结果分析

　　(1)Network1 的功能是产生一个时钟信号。每当定时时间 T 到达时,就重新启动定时器 T5,使定时器在每个时钟周期输出一个宽度为一个扫描周期的“0”脉冲。

　　(2)Network2 功能是使时钟信号变为高低电平对称的闪烁频率信号。当定时时间 T 到达时,M0.2 在一个循环扫描周期内被置位,这个标志位将通过 S 或 R 使标志 M1.0 被置位或复位,这样每两个时钟周期通过 M1.0 输出一个高低电平对称的方波信号。

　　(3)一旦闪烁频率发生器在程序中安装,它就可以提供时钟脉冲而不需要特定的启动信号。闪烁频率可通过 Q4.7 观察到(注意频率不要大于 10 Hz)。

技 能 训 练 20

任务　设计 3 个风扇的监控程序

任务要求

设计一个对设备中的 3 个风扇(I1.1、I1.2 和 I1.3)进行监控的程序。正常情况下,只要设备运行(I0.0＝ON),其中两个风扇就转,另一个备用。

控制要求如下。

(1)如果一个风扇坏了,而备用风扇在 5 s 内还未接通,显示故障信号(Q4.0＝1)。

(2)一旦 3 个风扇都坏了,故障信号立即显示。

(3)当设备恢复正常运行时,用 I0.7 清除故障信息(Q4.0＝0)。

做什么

(1)在技能训练项目中插入子程序块 FC3,用 LAD 或 FBD 编程语言设计风扇监控程序,并保存。

(2)在 OB1 中仅调用 FC3,下载到 PLC 的 CPU 中。

(3)将 PLC 置为 RUN 并测试程序。

5.3.3　计数器指令

1. 计数器的存储区

S7 系列 CPU 为计数器保留了一片计数器存储区。每个计数器有一个 16 位的字和一个二进制的位,计数器的字用于存放当前的计数时间值,计数器触点的状态由它的位的状态决定。在 S7—300 中有 3 种计数器:加计数器、减计数器和加减计数器。

2. 计数值的格式

计数器字的 0～11 位是计数值的 BCD 码,计数值的范围为 0～999。用格式 C♯×××表示 BCD 码。如计数值为 BCD 码 347 时,计数器单元中的各位如图 5.9 所示。二进制格式的计数值占用计数字的 0～9 位。

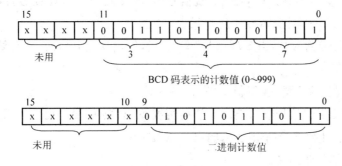

图 5.9　计数器字格式

3. 加/减计数器(S_CUD)

加/减计数器(S_CUD)的指令格式见表 5.14。

表 5.14 加/减计数器(S_CUD)的指令格式

LAD	FBD	STL
C1 I0.0 ─┤├─ S_CUD ─ Q4.1 ─( )─ CU Q I0.1 ─ CD CV ─ MW0 I0.2 ─ S CV_BCD ─ QW6 C#15 ─ PV I0.3 ─ R	C1 S_CUD I0.0 ─ CU I0.1 ─ CD I0.2 ─ S CV ─ MW0 C#15 ─ PV CV_BCD ─ QW6 Q4.1 I0.3 ─ R Q ─ =	A I 0.0 CU C 1 A I 0.1 CD C 1 A I 0.2 L C#15 S C 1 A I 0.3 R C 1 L C 1 T MW 0 LC C 1 T QW 6 A C 1 = Q 4.1
功能描述	在设置输入端 S 的上升沿,用 PV 指定的预置值送入计数器字。在加计数输入信号 CU 的上升沿,如果计数值小于 999,计数器加 1。在减计数输入信号 CD 的上升沿,如果计数值大于 0,计数器减 1。如果两个计数输入端均为上升沿,两条指令均执行,计数值保持不变。计数值大于 0 时,计数器输出信号为"1";计数值为 0 时,Q 端也为"0"	

表中计数器指令符号的含义如下。

$C_{no.}$:定时器编号,其范围与 CPU 型号有关,如计数器 C1。

CU:加计数信号输入端,当 CU 端信号由"0"变到"1"时,计数器自动加 1。当计数器当前值为 999 时,计数器加 1 操作无效。

CD:减计数信号输入端,当 CD 端信号由"0"变到"1"时,计数器自动减 1。当计数器当前值为 0 时,计数器减 1 操作无效。

S:预置信号输入端,当 S 端由"0"变到"1",即出现上升沿时,将计数初值作为当前值。

PV:预置值输入端,预置值范围为 0~999。

R:计数器复位信号输入端。在任何情况下,只要 R 端出现上升沿,计数器就会复位。复位后计数器当前值为 0,输出状态为"0"。

Q:计数器位输出端。

CV:以整数形式显示或输出计数器当前值。

CV_BCD:以 BCD 格式显示或输出计数器当前值。

计数器 STL 指令符号的含义见表 5.15。

表 5.15　计数器 STL 指令符号含义

指令		说明
A	I0.0	在 I0.0 的上升沿
CU	C1	加计数器的当前值加 1
A	I0.1	在 I0.1 的上升沿
CD	C1	减计数器的当前值加 1
A	I0.2	在 I0.2 的上升沿
L	C#15	计数器的预置值 15 被装入累加器的低字
S	C1	将预置值装入计数器 C1
A	I0.3	如果 I0.3 为 1
R	C1	复位 C1
L	C1	将 C1 的二进制计数当前值装入累加器 1
T	MW0	将累加器 1 中的内容传送到 MW0
LC	C1	将 C1 的 BCD 计数当前值装入累加器 1
T	QW6	将累加器 1 中的内容传送到 QW6
A	C1	检查 C1 的信号状态,如果 C1 的当前值为非 0
=	Q4.1	Q4.1 线圈通电,为"1"状态

4. 加计数器(S_CU)

加计数器(S_CU)的指令格式见表 5.16。

表 5.16　加计数器(S_CU)的指令格式

LAD	FBD	STL
		A I 0.0 CU C 1 BLD 101 A I 0.2 L C#15 S C 1 A I 0.3 R C 1 L C 1 T MW 0 LC C 1 T QW 6 A C 1 = Q 4.1
功能描述	在设置输入端 S 的上升沿,用 PV 指定的预置值送入计数器字。在加计数输入信号 CU 的上升沿,如果计数值小于 999,计数器加 1。计数值大于 0 时,计数器输出信号为"1";计数值为 0 时,Q 端也为"0"	

5. 减计数器(S_CD)

减计数器(S_CD)的指令格式见表5.17。

表5.17　减计数器(S_CD)的指令格式

LAD	FBD	STL
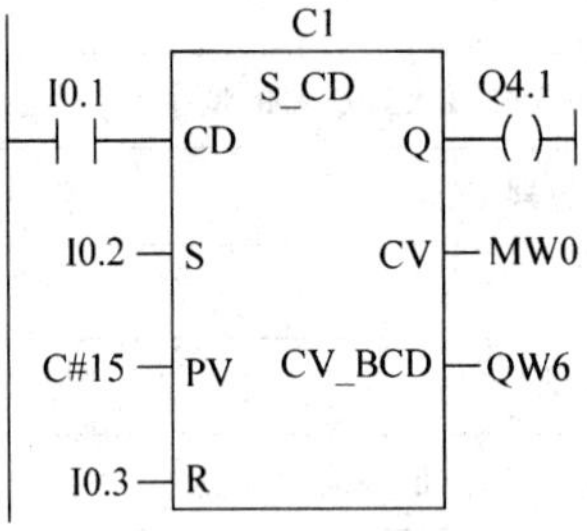	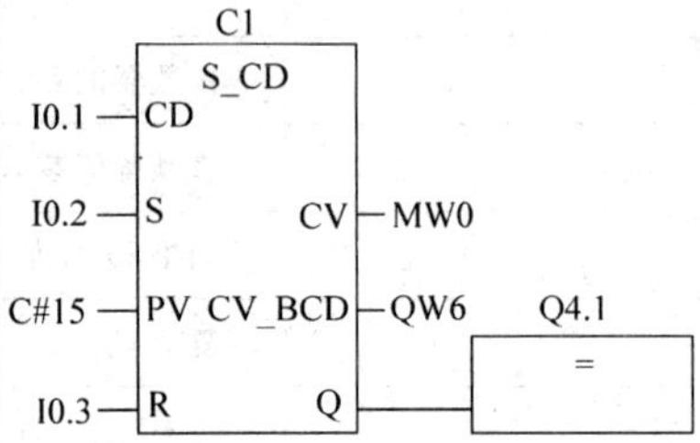	A　　I　　0.1 CD　　C　　1 BLD　　101 A　　I　　0.2 L　　C#15 S　　C　　1 A　　I　　0.3 R　　C　　1 L　　C　　1 T　　MW　　0 LC　　C　　1 T　　QW　　6 A　　C　　1 =　　Q　　4.1
功能描述	在设置输入端 S 的上升沿,用 PV 指定的预置值送入计数器字。在减计数输入信号 CD 的上升沿,如果计数值大于 0,计数器减 1。计数值大于 0 时,计数器输出信号为"1";计数值为 0 时,Q 端也为"0"	

6. 计数器线圈指令

S7—300 为用户提供了以 LAD 语言环境下的计数器线圈指令,如图5.10所示。这些指令分别是计数值预置指令 SC、加计数指令 CU 和减计数指令 CD。它们之间相互配合可以实现加、减及加/减计数指令功能。表5.18 给出与计数器块图指令对应的线圈指令示例。

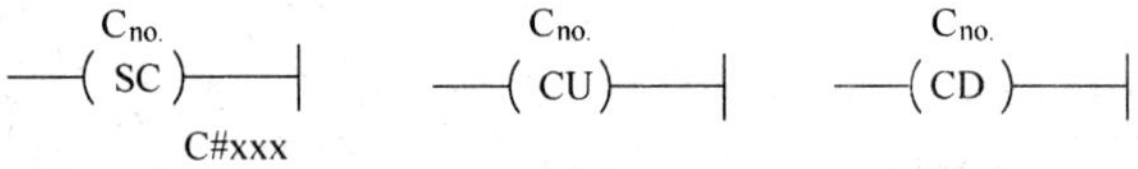

图5.10　计数器线圈指令

表5.18　计数器线圈指令示例

加/减计数器	加计数器	减计数器
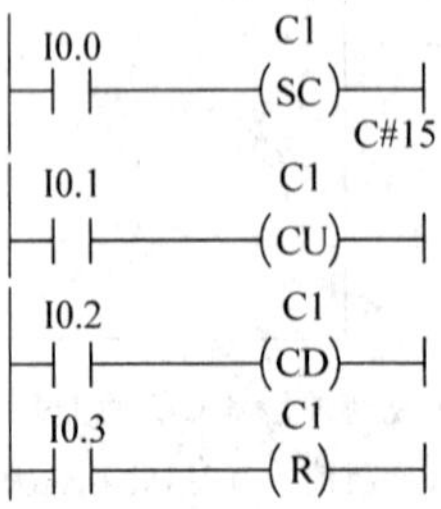	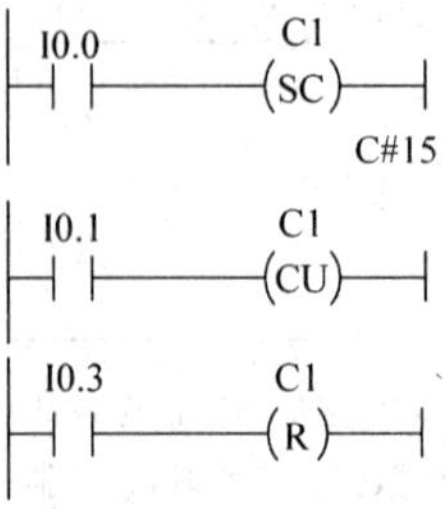	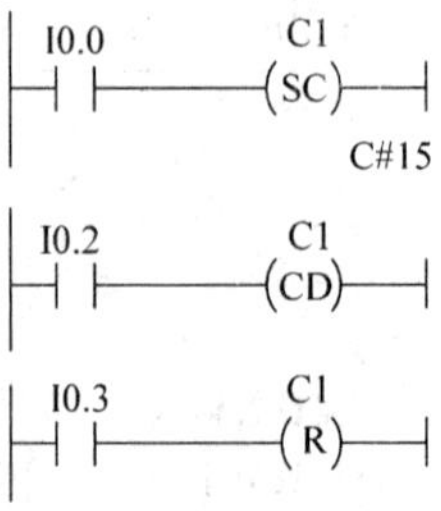

技 能 训 练 21

任务 设计成品分装单元传送带传送工件的计数程序

任务要求

只要工件穿过滑槽光电传感器光栅,零件滑入滑槽,传送工件被计数。当工件计满 12 个,不管传送带上是否有工件均停止传送工件,待计数器复位后,滑槽工件被清空,重新开始传送工件。

做什么

(1)在成品分装单元项目"Block"中插入子程序块 FC3,用 LAD 或 FBD 编程语言设计计数程序,并保存。

(2)在 OB1 中仅调用 FC3,下载到 MPS 成品分装单元 PLC 的 CPU 中。

(3)将 PLC 置为 RUN 并测试程序。

技 能 训 练 22

任务 设计分频器程序

任务要求

(1)由定时器 T5 构成的闪烁频率发生器通过标志 M25.0 提供频率信号,该时钟信号经过计数器实现分频,分频后的信号通过 Q4.6 输出。

(2)如果输入端 I1.7 为"1",则时钟信号使计数器 C6 加计数,直到计数值达到标志字 MW2 中所存储的值。在下一个时钟脉冲到来时计数器则开始减计数,当计数值达到零时又开始加计数。

(3)分频数即为计数设定值的 2 倍,存在 MW2 中的计数设定值通过 IB0 输入。

做什么

(1)在技能训练项目中插入子程序块 FC4,将 FC2 中程序拷贝到 FC4 中。

(2)按任务要求修改并完成新的 FC4(T6,M25.0)。

(3)插入一个新段,完成从 IB0 输入计数设定值的功能。

(4)插入几个新段,按上图中要求编写其他功能。

(5)调试分频器程序,改变 IB0 的值,查看 Q4.6 的显示。

5.3.4 数字指令

S7—300 PLC 的数字指令包括装入、传送指令、比较指令及数据类型转换指令等。本节介绍部分常用的数字指令。

1. 梯形图中的传送指令

块图传送(MOVE)指令为变量赋值,如果输入 EN 有效,即 EN＝1,输入"IN"处的值拷贝到输出"OUT"上的地址,"ENO＝1"与"EN"的状态相同。如果 EN＝0,不执行传送指令,且 ENO＝0,如图 5.11 所示。

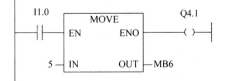

图 5.11　MOVE 指令格式

2. 转 换 指 令

S7—300 的 CPU 有两个 32 位的累加器，即累加器 1 和累加器 2。数据转换指令将累加器 1 中的数据进行数据类型的转换，转换的结果仍留在累加器 1 中。S7—300 转换指令支持多种转换功能，指令都有相同的格式，见表 5.19。

表 5.19　转换指令格式

STL	LAD	说　　明
BTI	BCD _ I	将累加器 1 中的 3 位 BCD 码转换成整数
ITB	I _ BCD	将累加器 1 中的整数转换成 3 位 BCD 码
BTD	BCD _ DI	将累加器 1 中的 7 位 BCD 码转换成双整数
DTB	DI _ BCD	将累加器 1 中的双整数转换成 7 位 BCD 码
DTR	DI _ R	将累加器 1 中的双整数转换成浮点数
ITD	I _ DI	将累加器 1 中的整数转换成双整数
RND	ROUND	将浮点数转换为四舍五入的双整数
RND+	CEIL	将浮点数转换为大于等于它的最小双整数
RND−	FLOOR	将浮点数转换为小于等于它的最大双整数
TRUNC	TRUNC	将浮点数转换为截位取整的双整数
CAW	—	交换累加器 1 低字中 2 个字节的位置
CAD	—	交换累加器 1 中 4 个字节的顺序

3. 比 较 指 令

比较指令用于比较累加器 1 与累加器 2 中的数据大小，被比较的两个数的数据类型应该相同。表 5.20 所示为比较两个数是否相等，分别以 LAD、FBD 和 STL 语言格式表示。

表 5.20　比较指令格式

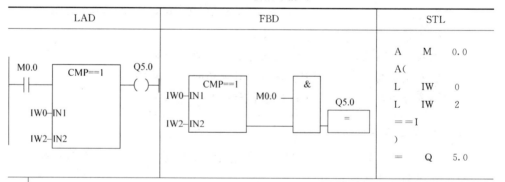

LAD	FBD	STL
		A　　M　　0.0
M0.0　CMP==1　Q5.0	CMP==1	A(
├┤　├──┤　（ ）	IW0─IN1　M0.0　&　Q5.0	L　　IW　　0
IW0─IN1		L　　IW　　2
IW2─IN2	IW2─IN2　=	==I
		）
		=　　Q　　5.0

功能描述	梯形图中 CMP 表示比较指令。当使能条件满足，即 M0.0＝1，指令才对 IN1 和 IN2 的数值进行比较，即 IW0 与 IW2 进行比较。如果比较结果为真时，则 RLO 为 1，输出 Q5.0＝1；否则为 0。状态字中的 CC0 和 CC1 位用来表示两个数的大于、小于和等于关系

方框输入/输出为使能输入/输出，数据类型均为 BOOL 变量。INT1 为第一个比较值，INT2 为第二个比较值，可以取整数、双整数和实数。数据类型为 I、Q、M、L、D 或常数。

比较指令按照比较的数值类型分为以下 3 类：

I——比较整数（16 位定点数）；

D——比较双整数（32 位定点数）；

R——比较浮点数（32 位实数＝IEEE 格式浮点数）。

用指定的条件比较输入 IN1 和 IN2 端的值，可以进行 6 个内容比较：

＝＝——IN1 等于 IN2；

＜＞——IN1 不等于 IN2；

＞——IN1 大于 IN2；

＜——IN1 小于 IN2；

＞＝——IN1 大于等于 IN2；

＜＝——IN1 小于等于 IN2。

4. 数字逻辑指令

数字逻辑指令可对两个 16 位字（WORD）或 32 位双字（DWORD）的二进制数据逐位进行逻辑与、逻辑或、逻辑异或运算。数字逻辑指令运算操作见表 5.21。

表 5.21　数字逻辑指令

指令类型	STL	LAD	说　　明
字"与"	AW	WAND_W	两个 16 位的数值相应位用"与"逻辑运算，结果存放在输出 OUT 的地址
双字"与"	AD	WAND_DW	两个 32 位的数值相应位用"与"逻辑运算，结果存放在输出 OUT 的地址
字"或"	OW	WOR_W	两个 16 位的数值相应位用"或"逻辑运算，结果存放在输出 OUT 的地址
双字"或"	OD	WOR_DW	两个 32 位的数值相应位用"或"逻辑运算，结果存放在输出 OUT 的地址
字"异或"	XOW	WXOR_W	两个 16 位的数值相应位用"异或"逻辑运算，结果存放在输出 OUT 的地址
双字"异或"	XOD	WXOR_DW	两个 32 位的数值相应位用异或"逻辑运算。结果存放在输出 OUT 的地址

图 5.12 所示为数字逻辑的指令格式和应用示例。

图中 EN 为使能输入信号端，ENO 为使能输出信号端，EN 和 ENO 具有相同的状态。

IN1 和 IN2 为运算数据输入端，数据类型为 WORD 或 DWORD，操作数可以是 I、Q、M、L、D 或常数。

OUT 为指定运算结果保存的存储区。

5.3.5　逻辑控制指令

逻辑控制指令包括逻辑块内的跳转和循环指令。本节只介绍跳转指令。

跳转逻辑控制指令中断程序的线性扫描，跳转到指令中指定的地址标号所在的目的地址。跳转时不执行跳转指令与标号之间的程序，跳到目的地址后，程序继续按

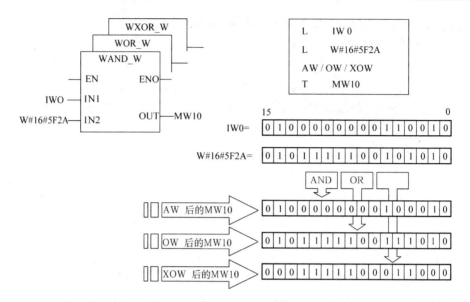

图 5.12　数字逻辑指令应用示例

线性扫描的方式执行,既可以向前跳,也可以向后跳。但只能在同一逻辑块内跳转,
同一个跳转目的地址只能出现一次,跳转或循环指令的操作数为地址标号,标号由最
多 4 个字符组成,第一个字符必须是字母,其余的可以是字母或数字。在梯形图中,
目标标号必须是一个网络的开始。逻辑控制指令与状态位触点指令操作见表 5.22。

表 5.22　跳转指令应用

语句表中的逻辑控制指令	梯形图中的状态位触点指令	说　　明
JU	—	无条件跳转
JL	—	多分支跳转
JC	—	RLO＝1 时跳转
JCN	—	RLO＝0 时跳转
JCB	—	RLO＝1 且 BR＝1 时跳转
JNB	—	RLO＝0 且 BR＝1 时跳转
JBI	BR	BR＝1 时跳转
JNBI	—	BR＝0 时跳转
JO	OV	OV＝1 时跳转
JOS	OS	OS＝1 时跳转
JZ	＝＝0	运算结果为 0 时跳转
JN	＜＞0	运算结果非 0 时跳转
JP	＞0	运算结果为正时跳转
JM	＜0	运算结果为负时跳转
JPZ	＞＝0	运算结果大于等于 0 时跳转
JMZ	＜＝0	运算结果小于等于 0 时跳转
JUO	UO	指令出错时跳转
LOOP	—	循环指令

　　梯形图中有 3 条用线圈表示的跳转指令,无条件跳转指令与有条件跳转指令的助记符均为 JMP。梯形图中的跳转指令的执行如图 5.13 所示,条件跳转操作受触点电路的控制,无条件跳转不受触点电路的控制。JMPN 在它左边电路断开时跳转。

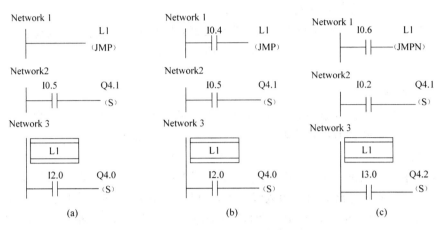

图 5.13　梯形图跳转指令

(a)无条件跳转　(b)有条件跳转,RLO 为"1"跳转　(c)有条件跳转,RLO 为"0"跳转

5.4　顺序功能图

　　在工业领域中,许多的控制对象(过程)都属于顺序控制,顺序控制就是按照生产工艺预先规定的顺序,使各个输入信号的作用下,根据内部状态和时间的顺序,使生产过程中各个执行机构自动地有顺序地进行操作。其特点是整个控制过程可划分为几个工步,每个工步按顺序轮流工作,且任何时候都只有一个工步在工作。

　　为了使顺序控制系统工作可靠,通常采用步进式顺序控制电路结构。所谓步进式顺序控制,是指控制系统的任一程序步(以下简称步)的得电,必须以前一步的得电并且本步的转步主令信号已发出为条件。对生产机械而言,受控设备任一步的机械动作是否执行,取决于控制系统前一步是否已有输出信号及其受控机械动作是否已完成。若前一步的动作未完成,则后一步的动作无法执行。这种控制系统的互锁严密,即便在转换主令信号元件失灵或出现误操作,亦不会导致动作顺序错乱。根据这种控制特点,开发了专门供编写顺序控制程序用的功能表图,即顺序功能图。这种先进的设计方法已成为 PLC 程序设计最主要的方法。

5.4.1　顺序功能图的结构

　　顺序功能图描述控制系统的控制过程、功能和特性,又称转移图、流程图、功能图。它具有直观、简单的特点,是设计 PLC 顺序控制程序的一种有力工具。

　　顺序功能图由一系列的步、步的转移条件和步的动作命令组成。

　　1. 步

　　步是与生成过程相对应的工业流程,用 S1、S2、S3…表示,可以不按步的编号顺序使用。步是根据 PLC 的输出量是否发生变化来划分的,只要系统的输出量状态发生变化,系统就从原来的步进入新的步。

"步"在状态流程图中用方框来表示,如图 5.14 所示。初始步用双线框绘制,一般用 S1 表示,代表系统处于等待命令的相对静止状态。每一个顺序功能图至少有一个初始步,用于系统开始工作前进入规定的初始状态。除了初始步外,当前正在执行的步称为活动步,如图中 S2。当步被激活后,它的控制命令被送给执行器,执行相应的动作。但是只要当前步转移到下一步后,前一步就自动复位。

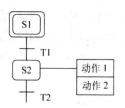

图 5.14　步的表示

2. 有向连线

步与步之间的连线,表示步的活动状态的进展方向,如图 5.14 中步 S1 与 S2 之间的连线。无箭头的有向连线表示转换方向为上→下,左→右。

3. 转移条件

从当前步进入下一步,应满足前级步必须是"活动步",对应的转移条件成立。转移条件是用与有向连线垂直的短划线表示,可以是文字语言、布尔代数表达式或图形符号,标注在短划线旁边。S7 PLC 的转移条件通常用 T 加数字表示,如图 5.14 中 T1、T2 等。转移条件通常用按钮、行程开关、定时器或计数器等实现。

4. 动作(输出)

动作(输出)指某步活动时,PLC 向被控系统发出的命令,或系统应执行的动作。动作用矩形框表示,中间用文字或符号表示,如果某一步有几个动作,则可并列画在一起,如如图 5.14 中方框动作 1、动作 2 的表示。注意动作 1 和动作 2 没有顺序之分。

5.4.2　顺序功能图的类型

图 5.15 所示为几种顺序功能图的类型。

1. 单流程结构

如图 5.15(a)所示,单流程从头到尾只有一个分支,每个前级步的后面只有一个转换,每个转换的后面只有一步,且每一步都按顺序相继激活。

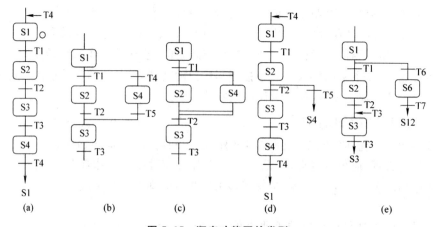

图 5.15　顺序功能图的类型

(a)单流程结构;(b)选择性分支结构;(c)并行性分支结构;(d)、(e)跳转结构

单流程一般做成循环单流程,图 5.15(a)中,当条件 T4 满足时,又返回步 S1 循环执行程序步。

2. 选择分支流程结构

从多个分支流程中选择某一个单支流程,即一个前级步的后面紧跟着若干后续步可供选择,称之为选择性分支流程,如图 5.15(b)所示。图中如果条件 T1 满足,执行左边分支流程;若转移条件 T4 满足,执行右边分支流程。但条件 T1 和 T4 不可能同时满足,因此选择性分支流程一般只允许选择其中的一条分支。

3. 并行分支流程结构

一个前级步的后面紧跟着若干后续步,当转移条件满足时,后续步将被同时激活,并行处理多个分支流程,称之为并行性分支流程,如图 5.15(c)所示。转移条件 T1 满足时,并行执行两个分支流程,待所有分支流程均执行完后,再汇合到总流程,执行下面的步。并行分支流程用双线表示并进并出。

4. 跳步、重复和循环结构

1)跳步

当转移条件满足时,跳过几个后续步,执行目标地址的步。跳步既可以在本流程中进行,如图 5.15(d)所示,当条件 T5 满足时,跳过步 S3,此时 S3 不再执行,转而去执行步 S4。跳步也可在不同分支间进行,如图 5.15(e)所示,当执行步 S6 后,若条件 T7 满足,转移到其他分支的步 S12。

2)重复

当转移条件满足时,重新返回到前级步执行。如图 5.15(e)所示,当步 S3 执行后,若转移条件 T3 满足,重复执行步 S3。

3)循环

当转移条件满足时,用重复的办法直接返回到初始步。如图 5.15(a)和图 5.15(d)所示,当顺序执行到步 S4 时,若条件 T4 满足,返回到初始步 S1,可实现循环执行。

技 能 训 练 23

任务　设计供料单元的顺序功能图

任务要求

(1)确定供料单元顺序功能图的类型。

(2)确定供料单元的工步数、步与步之间的转移条件及每步的动作。

(3)画出供料单元顺序功能图。

做什么

(1)观察供料单元的工作过程,确定顺序功能图的类型。

(2)将工作过程划分为相关工步,并记录。

(3)确定输入和输出信号,确定转移条件及动作,并记录。

(4)画出供料单元顺序功能图。

(5)修改并完善。

任务　设计加工单元的顺序功能图

任务要求

　　(1)确定加工单元顺序功能图的类型。

　　(2)确定加工单元的工步数,步与步之间的转移条件及每步的动作。

　　(3)画出加工单元顺序功能图。

做什么

　　(1)观察加工单元的工作过程,确定顺序功能图的类型。

　　(2)将工作过程划分为相关工步,并记录。

　　(3)确定输入和输出信号,确定转移条件及动作,并记录。

　　(4)画出加工单元顺序功能图。

　　(5)修改并完善。

5.4.3　S7 Graph 的应用

　　S7 Graph 语言是 S7—300 PLC 用于顺序控制程序编程的顺序功能图语言,与 IEC 1131—3 标准兼容。

　　1.顺序控制程序的结构

　　用 S7 Graph 语言编写的顺序功能图程序,以功能块(FB)的形式被其他逻辑块调用,顺序功能图结构如图 5.16 所示。

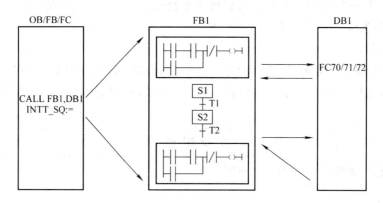

图 5.16　顺序控制系统的结构

　　一个顺序控制项目至少需要如下 3 个块。

　　(1)一个调用 S7 Graph FB 的块,它可以是组织块(OB)、功能块(FB)或功能(FC)。

　　(2)一个 S7 Graph FB,它由一个或多个顺序控制器(Sequencer)组成。

　　(3)一个指定给 S7 Graph FB 的背景数据块(DB),它包含了顺序控制系统的参数。

　　一个 S7 Graph FB 最多可以包含 250 步和 250 个转换。一个顺序控制器最多有 256 个分支,249 个并行分支流程和 125 个选择分支流程。一般只能用 20～40 跳分支,否则执行的时间会特别长。

2. S7 Graph 编辑器

图 5.17 所示为 S7 Graph 的编辑器窗口，右边窗口是生成和编辑程序的工作区；程序编辑区的左边窗口是浏览窗口（Overview Window），图中显示的是浏览窗口中图形"Graphic"选项卡，表示选择显示哪一个顺序控制器。浏览窗口的左边有一列工具图标，它们是转移条件编译指令；编辑器窗口的下面是详细信息"Detail"窗口；中间的工件条是浮动工具栏"Sequencer"。

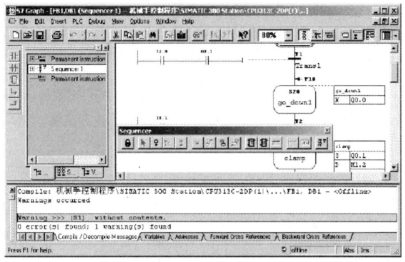

图 5.17　S7 Graph 的编辑器

保存和编译时，在编辑器的"Detail"窗口，可以获得程序编译时发现的错误和警告信息。该窗口还有变量、符号地址和交叉参考表等大量信息。

浮动工具栏"Sequencer"如图 5.18 所示，其按钮用于放置步、转移条件、跳步、选择流程等。该工具条可以任意"拖放"在工作区窗口的其他位置，也可以放置在窗口上部的工具条区，或垂直放在编辑器窗口的最左边。

图 5.18　顺序控制器工具条与移动的图形

浏览窗口中的选项卡有 3 项，左边是图形"Graphic"选项卡，中间是顺序控制器"Sequencers"选项卡，用于浏览顺序控制器的结构；右边是变量"Variables"选项卡，其中的变量是编程时可能用到的各种基本元素。变量选项卡可以编辑和修改现有的变量，也可以定义新的变量；可以删除但不能编辑系统变量。

3. S7 Graph 显示模式

在 S7 Graph 编辑器窗口"View"菜单中可选择显示顺序控制器（Sequencer）、单步（Single Step）和永久性（Permanent Instructions）指令。

1)顺序控制器显示方式

执行菜单命令"View"→"Display with",可以选择如下几项。

(1)Symbols：显示符号表中的符号地址。

(2)Comments：显示块和步的注释。

(3)Conditions and Actions：显示转换条件和动作。

(4)Symbol List：在输入地址时显示下拉式符号地址表。

2)单步显示方式

只显示一个步和转换的组合,还可以显示 Supervision(监控被显示的步的条件);Interlock(对被显示的步互锁的条件);执行命令"View"→"Display with"→"comments"显示和编辑步的注释。用"↑"键或"↓"键可以显示上一个或下一个步与转换的组合。

3)永久性指令显示方式

可以对顺序控制器之前或之后的永久性指令编程。每个扫描循环执行一次永久性指令,可以调用块。

4. 步与动作命令

顺序控制器的步由步序、步名、转换编号、转换名、转换条件和步的动作等几部分组成,如图 5.19 所示。

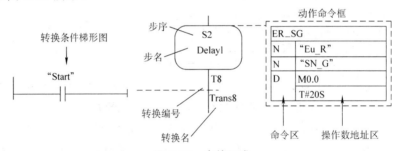

图 5.19　步的组成

步序(S2)和步名(Delay1)点击后可以修改,但不能用汉字表示。动作命令行由命令和地址组成,在方框内写入命令和操作数地址。动作分为标准动作和与事件有关的动作。

1)标准动作

标准动作可以设置互锁(在命令的后面加"C"),仅在步处于活动状态和互锁条件满足时,有互锁的动作才被执行。没有互锁的动作在步处于活动状态时就会被执行。在"直接"模式用鼠标右键点击动作框,在弹出的菜单中选择插入动作行。常用的标准动作见表 5.23。

表 5.23　常用的标准动作

命令	地址	说　　明
S(SC)	Q、I、M、D	当步为活动步时,使输出置位为"1" 状态并保持
R(RC)	Q、I、M、D	当步为活动步时,使输出复位为"0" 状态并保持
N(NC)	Q、I、M、D	当步为活动步时,输出被置为"1";该步变为不活动步时,输出被复位为"0"
L(LC)	Q、I、M、D	用来产生宽度受限的脉冲,相当于脉冲定时器
D(DC)	Q、I、M、D	使某一动作执行延时,延时时间在该命令右下方方框中设置
CALL(CALLC)	FC、FB、SFC、SFB	用来调用块,当该步为活动步时,调用命令中指定的块

2）与事件有关的动作

动作可以与事件结合。事件指步、监控信号、互锁信号的状态变化，信息的确认或记录信号被置位。命令只能在事件发生的那个循环周期执行。图 5.20 所示为控制动作的事件。

图 5.20　与事件有关的动作

除了命令 D（延迟）、L（脉冲线制）外，其他命令都可以与事件进行逻辑组合。控制事件的动作详细说明见表 5.24。

表 5.24　控制事件动作详细说明

名称	事 件 意 义
S1	步变为活动步
S0	步变为不活动步
V1	发生监控错误（有干扰）
V0	监控错误消失
L1	互锁条件解除
L0	互锁条件为 1
R1	在输入信号 REG _ EF/REG _ S 的上升沿，记录信号被置位
A1	信息被确认

5. 转移条件

转移条件可以用 LAD（梯形图）或 FBD（功能块图）形式表示，如图 5.21 所示。在"View"菜单中用"LAD"或"FBD"命令切换。如用"LAD"来生成转移条件，点击转移条件中要放置元件的位置，从转移条件工具条中选择合适的指令（如选择插入常开触点）。触点生成后，输入绝对地址或符号地址。转移条件可以是单独的一个触点控制，也可以是若干触点的逻辑组合。

6. 在 OB1 中调用 S7 Graph 功能块

完成了对 S7 Graph 程序的编程后，在 SIMATIC 管理器中生成与 FB 对应的 DB。打开"Blocks"文件夹，双击 OB1 图标，打开梯形图编辑器，选中某 Network 程序段，调用用 S7 Graph 编程的功能图块，在 OB1 Network 中出现 FB 的方框，如 FB2 见图 5.22。在方框上输入 FB2 的背景数据块（如 DB2）的名称，然后保存 OB1。

（a）　　　　　（b）

图 5.21　转换条件表示

（a）LAD 形式；（b）FBD 形式

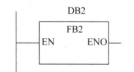

图 5.22　S7 Graph 功能块

S7 Graph 有 4 中不同的参数集,见表 5.25。在 S7 Graph 程序编辑器中执行菜单命令"Opion"→"Block Settings",在出现的对话框的"Compile/Save"选项卡的"FB Parameters"区中,选择需要的参数集。图 5.22 中 FB2 的参数为最小。

表 5.25 FB 参数集

名称	功　　　能
Minimum	最小参数集,只用于自动模式,不需要其他控制和监视功能
Standard	标准参数集,有多种操作模式,需要反馈信息,可选择确认报文
Maximum	最大参数集,用于 V4 及以下版本,需要更多的操作员控制和用于服务和调试分监视功能
Definable/Maximum	可定义最大参数集,需要更多的操作员控制和用于服务和调试分监视功能,它们由 V5 的块提供

5.4.4　S7 Graph 编程示例

两条传送带顺序启动运行,为了避免运送的物料在传送带上堆积,启动时应先启动 1 号传送带,延时启动 2 号传送带。停机时应先停止 2 号传送带,延时停止 1 号传送带。图 5.23 为传送带的结构示意图与顺序功能图。

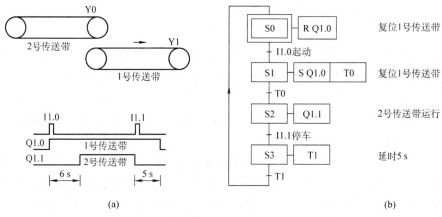

(a)　　　　　　　　　　　　　　　　　　　　　　(b)

图 5.23　传送带结构示意图与顺序功能图

(a)传送带结构示意图;(b)顺序功能图

1. 创建传送带程序功能块 FB

(1)创建传送带项目,在 SIMATIC 管理器中的"Blocks"文件夹中插入 FB1 功能块。

(2)选择 FB1 的编程语言为 S7 Graph。打开 FB1,在 FB1 中有自动生成的第 1 步 Step1 和第 1 个转换 Trans1。

(3)参照顺序功能图,在 FB1 中完成程序的编写。参考程序如图 5.24 所示。

2. 在 OB1 中调用 FB1

调用 FB1 时生成背景数据块 DB1。

3. 用 S7-PLCSIM 仿真器调试程序

在 SIMATIC 管理器中打开 S7-PLCSIM 仿真器窗口,建立 STEP7 与 CPU 的连接。在 PLC 处于 STOP 模式,选中"Blocks"对象,点击工具条中下载图标,将程序块下载到仿真 PLC 中。

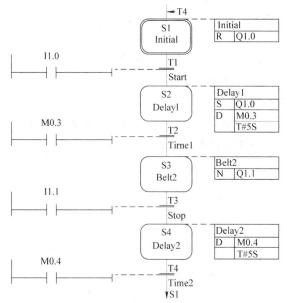

图 5.24 传送带顺序控制程序

在 S7－PLCSIM 仿真器窗口创建 IB1 和 QB1 以位方式显示的视图对象。将仿真 PLC 置于 RUN 模式,在 S7 Graph 编辑器中点击工具条内监控图标,对顺序控制器的工作进程进行监控。根据传送带各信号的工作条件,进行模拟操作。

活动步为绿色,非活动步为白色。进入活动步的工步,它的动作方框上方的两个监控定时器开始定时。它们用来计算当前步被激活的时间。当步的转化条件满足,会自动转换到下一步。各动作右边的方框是该动作的状态"0"或"1"。梯形图表示的转换条件中触点接通时,触点和它右边有"能流"流过的导线将变为绿色。

技 能 训 练 25

任务 设计机械手移送工件控制程序

任务要求

(1)机械手左上为原点,工件按"下降→夹紧→上升→右移→下降→松开→上升→左移"的次序依次运行。下降/上升,左移/右移中使用双电控的电磁阀,夹紧使用的是单电控电磁阀。

图 5.25 为机械手控制系统结构和操作面板。

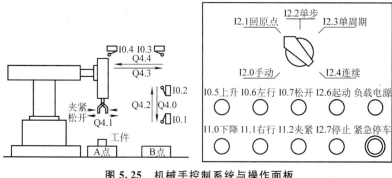

图 5.25 机械手控制系统与操作面板

（2）用 S7 Graph 语言 设计机械手顺序功能图。

做什么

（1）创建机械手项目，进行硬件组态，编写符号表。

（2）设计初始化程序、手动与自动程序。

（3）设计主程序 OB1。

（4）用 S7 Graph 语言在 FB1 中编写机械手自动控制程序。

（5）用 S7－PLCSIM 仿真器调试程序。

（6）修改并完善。

第6章

供料单元的 PLC 控制

学习目标

　　1. 掌握供料单元的组成和基本功能。

　　2. 了解传感器在供料单元中的作用。

　　3. 掌握 PLC 控制程序设计的方法。

6.1　供料单元结构与功能剖析

　　供料单元是 MPS 中的起始单元,在整个系统中起着向系统中其他单元提供原料的作用,相当于实际生产加工系统(生产线)的自动上料系统,如图 6.1 所示。

　　1. 送料模块

　　送料模块主要由料仓、推料杆、双作用汽缸(以下称为推料汽缸)、磁感应接近开关、对射式光电传感器等组成,如图 6.2 所示。

　　1)料仓

　　管状料仓可存放 8 个工件,工件垂直叠放在料仓中。在重力的作用下,当移出一个工件后,上面的工件会下移到最下层,等待移出。工件在放入料仓时,开口的边面必须向上。在料仓的底部安装有光电传感器,以检测料仓中是否有工件。

　　2)推料汽缸与推料杆

　　推料杆位于料仓的底层,它固定在推料汽缸的活塞杆上,由汽缸驱动它动作,并可从料仓的底部通过,将工件从料仓底部推出。当推料杆在退回的位置时,它与最下层的工件处于同一水平位置;当汽缸驱动推料杆推出时,推料杆便将最下层的工件推到预定位置,从而把工件移出料仓;而汽缸驱动推料杆返回并从料仓底部抽出时,料仓中的工件在重力的作用下,自动向下移动一个工件,为下一次的工件分离做好准备。图 6.2(a)为推料杆推出工件时动作,图 6.2(b)为推料杆退回时动作。送料的速度由单向节流阀设置。通过调节节流阀的开口大小可调节推料缸的伸缩速度。

图 6.1　供料单元结构

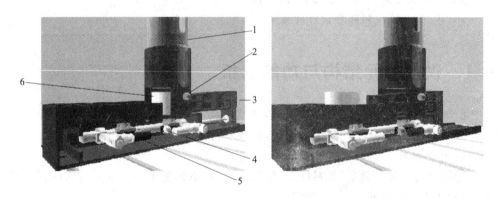

图 6.2　送料模块

(a)推料杆伸出;(b)推料杆退回

1—料仓　2—光电传感器　3—推料汽缸　4,5—磁感应接近开关　6—工件

3)磁感应接近开关

如图 6.2(a)所示,在推料汽缸的活塞(或活塞杆)上安装磁性物质,推料缸的两个极限位置分别装有一个磁感应式接近开关,用于标识汽缸运动的两个极限位置。当汽缸的活塞杆运动到端部时,端部的磁感应式接近开关就动作并发出信号。在PLC 的自动控制中,可以利用该信号判断推料缸的运动状态或所处的位置,从而间接判断工件是否从料仓中分离出来及是否送到预定的位置。

在传感器上设置有 LED 以显示传感器的信号状态,供调试时使用。传感器动作时,输出信号"1",LED 灯亮;传感器不动作时,输出信号"0",LED 不亮。传感器的安装位置是根据要求来调整的。

4）光电传感器

安装在料仓底部的是对射式光电传感器，如图 6.3 所示，它的发射端和接收端相对而置。由于光电传感器在工作中其光发射端始终有光发出，当发射端与接收端之间无障碍物时（如料仓中没有工件），光线可以到达接收端，使传感器动作而输出信号"1"，LED 点亮；当发射端与接收端之间有障碍物时（如料仓中有工件），则光线被遮挡住，不能到达接收端，从而使传感器不能动作，而输出信号"0"，LED

图 6.3　料仓检测光电传感器

熄灭。在光电传感器上也设置有 LED 显示，便于观察传感器的信号状态。在控制程序中，就可以利用该信号状态来判断料仓中有无存储料的情况，为实现自动控制奠定了硬件基础。

5）工件

加工工件如图 6.4 所示，包括 4 个黑色、4 个红色和 4 个铝合金汽缸缸体。

2. 转运模块

转运模块是一个气动操作装置，其主要功能是抓取工件，并将工件传送到下一个工作站。转运模块结构如图 6.5 所示，主要由

图 6.4　加工工件

旋转汽缸、摆臂、真空吸盘、真空压力检测传感器、行程开关等组成。

1）旋转汽缸

旋转汽缸是摆臂的驱动装置，其转角范围为 0～180°，如图 6.6 所示。在旋转汽缸的两个极限位置各装有一个行程开关，以检测汽缸是否旋转到达极限位置。旋转汽缸安装有两个挡块，用于碰压行程开关实现摆臂的定位。

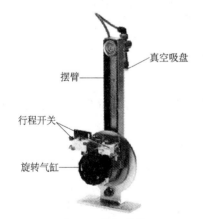

图 6.5　转运模块

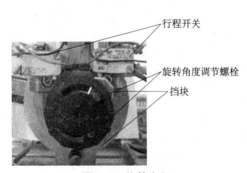

图 6.6　旋转汽缸

2）真空吸盘

真空吸盘用于吸取加工工件，并由真空检测传感器判断是否有工件被吸住。真空检测传感器是具有开关量的压力检测装置，实物外观如图 6.7 所示。当进气口的气压小于负压时，传感器动作，输出信号"1"，同时 LED 点亮。否则输出信号为"0"，

LED熄灭。

真空吸盘在摆臂转动的过程中,应始终保持垂直向下的姿态,以使被运送的工件在运送过程中不致翻转。

3. CP阀组

阀组,顾名思义,就是将多个阀集中在一起构成的一组阀,而每个阀的功能是彼此独立的,阀组的外观如图6.8所示。该阀组由二位五通的带手控开关的单侧电磁先导控制阀、二位五通的带手控开关的双侧电磁先导控制阀和三位五通的带手控开关的双侧电磁先导控制阀组成。用它们分别对推料缸(推料杆)、真空发生器(真空吸嘴)和转动汽缸(摆臂)的气路进行控制。

图 6.7　真空检测传感器

单电控电磁阀

手动开关

图 6.8　CP 阀组

CP阀组手控开关是向下凹进去的,须使用专用工具才可以进行操作。常态下,手控开关的信号为"0",向下按时,信号为1,等同于该侧的电磁信号为1。在进行设备调试时,可以使用手控开关对阀进行控制,从而实现对相应气路的控制,以改变推料杆等执行机构的状态,达到调试的目的。

技 能 训 练 26

任务　旋转汽缸的转角调整

任务要求

(1)了解旋转汽缸的结构。

(2)掌握旋转汽缸的调整方法。

做什么

(1)用工具将旋转汽缸外部端盖的固定螺钉松开,观察汽缸的结构,记录各组成部分。

(2)旋转汽缸转角调整。旋转汽缸可以在0～270°范围内转动,转角范围较宽。使用时,必须根据需要对转角进行调整。

步骤1:确定旋转汽缸转角范围。

供料单元的旋转汽缸用于将料仓中的工件转送到下一工作单元。5站的MPS系统的第二站是检测单元,工件必被放于检测单元的工作平台上,工作平台此时应位于最低位置。所以,旋转汽缸的转角范围为0～180°。

步骤2:松开定位凸轮的固定螺钉。

旋转汽缸的限位行程凸块有两个,每个极限位置1个。调整前先将凸轮的固定螺钉松开。

步骤 3：移动行程凸块到预定位置。

根据确定的转角范围，旋转汽缸上的旋转角度刻度盘，初步确定两个极限定位位置。然后，用手反复转动摆臂到达两个极限位置，同时观察行程开关的信号，最后准确确定行程凸块的定位位置。

步骤 4：旋紧固定螺钉。

6.2　供料单元的安装

6.2.1　安装步骤

供料单元的所有模块（或组件）均安装在铝合金板上。安装的步骤如图 6.9 所示，具体如下。

(1)在铝合金板上安装走线槽、盖板和导轨，如图 6.9(a)所示。

(2)在导轨上依次安装 I/O 接线端子、真空检测传感器和 CP 阀组，如图 6.9(b)所示。

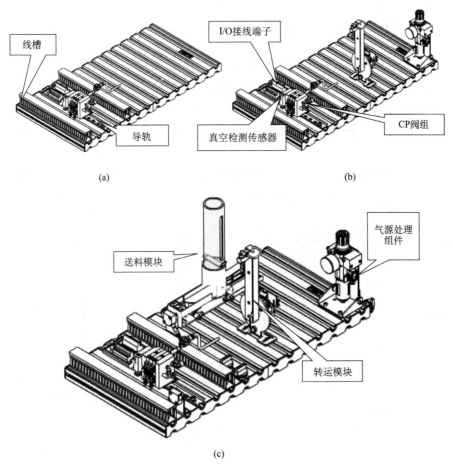

图 6.9　供料单元安装示意图

(a)步骤一；(b)步骤二；(c)步骤三

(3)安装气源处理组件和转运模块,如图6.9(c)所示。转运模块是气动操作组件,工件被真空吸盘吸起,由摆臂转运。摆臂摆动的结束位置依据下一站来确定;

(4)安装送料模块,如图6.9(c)所示。

(5)最后进行电气布线和气动回路管路连接。

6.2.2 安装、使用注意事项

供料单元在进行实训时,要求学生遵守安全操作规程。避免造成不必要的设备损坏和人员伤害。在使用设备时应注意下列各项安全指标。

1)常规安全指标

(1)实训者在教师的监督下,只能在一个工作位置。

(2)在观察信号时,要注意安全提示。

2)电气安全指标

(1)当电源开关断开时,方能进行导线连接。

(2)只能采用不大于24 V的外部低压直流电压。

3)气动安全指标

(1)气源工作压力最大为8 bar。

(2)当管路安装且固定后,才能接通气源。

(3)有气源压力作用时,不能直接分离管路。

4)机械安全指标

(1)供料单元的所有组成部分,必须全部安装在铝合金板上。

(2)不能人为设置障碍限制设备的正常运行。

6.3　供料单元气动控制

气动控制系统是该工作单元的执行机构,该执行机构的控制逻辑功能是由PLC实现的。气动控制回路的工作原理如图6.10所示,其中,1A为推料缸,1B1和1B2

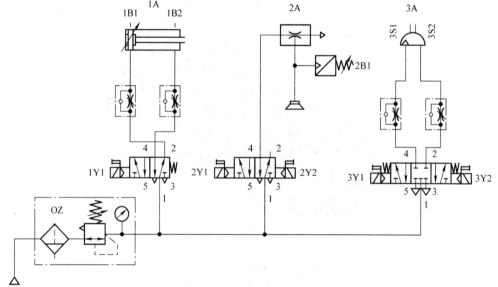

图6.10　供料单元的气动控制回路

为安装在推料缸两个极限位置的磁感应式接近开关,依据它们发出的开关量信号可以判断汽缸所处的位置;2A 为真空发生器,实现工件的吸取;2B1 为真空压力检测传感器,当吸住工件后,传感器动作,可以用该传感器的信号来判断是否吸住了工件;3A 为转动汽缸,3S1、3S2 两个行程开关是用于判断旋转汽缸运动的两个极限位置;1Y1 为控制推料缸的电磁阀;2Y1、2Y2 为控制真空发生器的电磁阀;3Y1、3Y2 为控制旋转汽缸的电磁阀;OZ 为气源处理组件。注意,图中的 3 个电磁阀是集成在一个 CP 阀组上的。

6.4　供料单元 PLC 控制

MPS 的每一工作单元都是一个独立的顺序控制系统,它们连接起来组成的一条自动化生产线就是典型的自动化系统。各组成单元无论是独立还是作为自动化生产线的一部分,都通过核心的控制设备 PLC 来控制的。

6.4.1　PLC 的 I/O 接口地址

MPS 所有工作单元都是通过 I/O 接线端口与 PLC 实现通信。各工作单元需要与 PLC 进行通信连接的线路(包括各个传感器的线路、各个电磁阀的控制线路及电源线路)都已事先连接到了各自的 I/O 接线端口上,这样,当通信电缆与 PLC 连接时,这些器件在 PLC 模板上的地址就固定了。

1. 数字仿真盒

数字仿真盒可以模拟 MPS 工作单元的输入信号,同时显示输出信号。它能够完成下列操作:测试 PLC 程序时,模拟输入,设定输出信号,完成 MPS 工作单元的操作。数字仿真盒如图 6.11 所示。

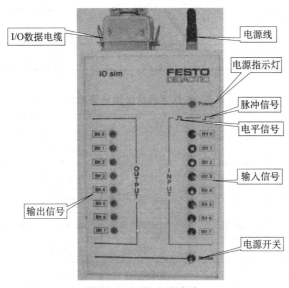

图 6.11　数字仿真盒

I/O 数据电缆用于连接现场的输入、输出信号,使用时可以与工作单元的 I/O 接线端子电缆接口相连,通过仿真盒的输入信号驱动工作单元的执行机构。

　　仿真盒的输入信号可直接驱动执行机构动作，它有两种信号类型，一种是脉冲式信号，另一种是电平式信号，通过各输入信号的钮子开关切换。

　　仿真盒的输出信号显示执行机构动作时相应的传感器的状态，通过指示灯可以直观观察。所以，仿真盒的输出信号就是现场的输入信号。

　　数字仿真盒由 24 V 直流电源供电，红色电源线接于直流稳压电源的正极，黑色端接负极。注意，电源连接时，稳压电源应处于断电状态。

　　2. PLC 的 I/O 接口地址

　　供料单元的输入、输出信号主要是数字量信号，利用数字仿真盒模拟供料单元动作，同时观察 I/O 接线端子，可确定 PLC 的输入/输出信号地址及信号类型。表 6.1 和表 6.2 列出了部分数字量输入和输出信号的地址及元件。

表 6.1　数字量输入地址及元件

序号	符号	地址	元件	说　　明
1	1B2	I0.1	磁感应传感器	推料汽缸已伸出到位
2	1B1	I0.2	磁感应传感器	推料汽缸已缩回到位
3	2B1	I0.3	真空压力传感器	工件已吸住
4	3S1	I0.4	行程开关	摆缸摆到供料位置
5	3S2	I0.5	行程开关	摆缸摆到放料位置
6	B4	I0.6	光电传感器	检测料仓有无工件
7	S_Start	I1.0	按钮	启动按钮（常开）
8	S_Stop	I1.1	按钮	停止按钮（常闭）
9	S_Auto	I1.2	自动模式开关	自动模式开关
10	S_Reset	I1.3	按钮	复位
11	Em_Stop	I1.5	按钮	急停解除

表 6.2　数字量输出地址及元件

序号	符号	地址	元件	说　　明
1	1Y1	Q0.0	电磁阀	驱动推料汽缸
2	2Y1	Q0.1	电磁阀	真空吸盘吸气
3	2Y2	Q0.2	电磁阀	真空吸盘放气
4	3Y1	Q0.3	电磁阀	驱动摆缸到供料位置
5	3Y2	Q0.4	电磁阀	驱动摆缸到放料位置
6	H_Start	Q1.0	指示灯	启动指示灯
7	H_Stop	Q1.1	指示灯	停止指示灯
8	H_Mag	Q1.2	指示灯	料仓空指示灯

6.4.2　供料单元工艺流程

供料单元作为 MPS 的第一站,为后续各工作单元提供物料及加工工件。供料单元将工件从料仓送到检测单元,完成送料工作,生产工艺流程如图 6.12 所示。具体工作流程为:开始前先检测供料单元是否复位,若没有复位,则复位灯亮;如果已经复位,则开始灯亮。按下开始按钮,摆动汽缸摆到下一工作单元,检测料仓是否有工件。如果料仓中没有工件,料仓空,灯亮,摆动汽缸又回到料仓位置;如果料仓中有工件,推料汽缸推出工件并到位,摆动汽缸回到料仓位置,吸取工件。达到设定的真空度后,如果下一工作单元没有准备好,等待;如果下一工作单元已准备好,驱动摆动汽缸到下一工作单元,放下工件,本次循环结束。对于自动连续工作方式,只要料仓有工件,重复上述工作过程。

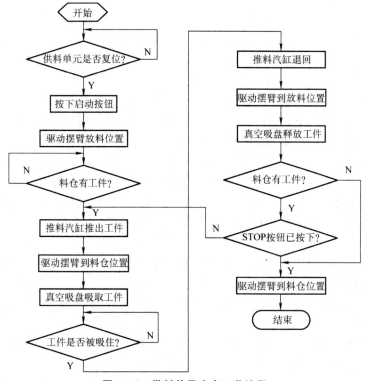

图 6.12　供料单元生产工艺流程

6.4.3　程序设计方法

对于 MPS 的每一工作单元均设置自动和手动控制方式,通过控制面板上的“自动/手动”钥匙开关来选择。在下面的 PLC 控制程序编程主要介绍自动工作方式。

1. 生产设备的控制方式

为了满足生产的需要,很多生产设备要求设置多种控制方式。设备的控制方式大致分为手动和自动两种。它们又可分为其他运行方式,主要包括以下几种。

(1)手动控制。用按钮或开关使各个负载单独接通或断开的方式为手动控制。启动自动控制程序之前,如果系统状态不满足要求,系统必须处于要求的初始状态,需要进入手动控制方式。用手动操作使系统进入规定的初始状态,然后再回到自动控制,一般在调试阶段使用。

（2）自动连续控制。用于实现生产设备的自动化连续生产。在设备满足正常启动条件的情况下，只需要按一下启动按钮，设备就可按照预先设置好的程序，开始连续循环的运行，实现产品的批量生产。如果中途按下停止按钮，动作将继续执行且回到初始位置方可停止。

（3）单循环控制。在初始位置按动启动按钮，自动运行一遍，回到初始位置处停止。如果中途按动停止按钮就立即停止运行；再按动启动按钮，从断点处开始运行，回到初始位置自动停止。单循环控制用于实现产品的单件生产或者试生产。

（4）单步控制。按动一次启动按钮，前进一个工步（或工序）。单步控制用于设备调试。在对设备进行调试时，通常需要让设备的各个执行机构单独动作，以便于调试设备，并且每一步动作都必须受操作者的控制。对于单步运行，并不需要对各负载都设置按钮，可以使用编程器进行强制"ON/OFF"。

（5）复位控制。按动复位按钮，设备会自动回到初始位置。当生产设备的执行机构由于某种原因不满足运行初始条件时，复位控制功能使设备复位到能够满足运行的初始状态。造成设备不满足运行初始条件原因可能由于调试操作或"急停"危险情况排除等。

（6）停止控制。用于实现生产设备在正常运行状态下需要停止生产的情况。一般使用该控制功能停止设备时，若指令发出后，已经进入加工程序的工件应当继续加工，直至加工完毕，设备才真正停止运行。

（7）急停控制。是一种安全保护控制功能。当设备在运行过程中出现了某种危险情况，危及到人身安全、设备安全或生产安全的时候，应当能够通过人为的干预使设备立刻停止运行。它不同于"停止"的控制功能，是随时可以实现的，一般在"急停"指令发出后，所有的执行机构无论其运行状态、运行位置如何，都要立即停止运行，并保持不动。

以上这些控制功能，当设备的硬件结构确定了以后，都可以通过 PLC 程序来实现。对于 MPS 的每一工作单元设置自动和手动控制方式，通过控制面板上的"自动/手动"钥匙开关来选择。下面 PLC 控制程序编程主要介绍自动工作方式。

2. 程序结构

STEP7 有 3 种设计程序的方法，即线性化编程、模块化编程和结构化编程。

1）线性化编程

整个用户程序放在循环控制组织块 OB1（主程序），循环扫描时不断地依次执行 OB1 的全部指令。所有的指令都在一个块中，程序结构比较简单，不涉及功能块、功能、数据块、局部变量和中断等复杂的概念，一般只是用来编写简单程序时使用。

2）模块化编程

程序被分为不同的逻辑块，每个块包含完成某些任务的逻辑指令。组织块 OB1（主程序块）中的指令在需要的时候调用相应的程序块。被调用的程序块执行完后，返回到程序块的调用点，继续执行 OB1。这些被调用的程序块（即子程序）以功能（FC）或功能块（FB）来完成不同的控制任务。

模块化编程的程序被划分为若干个块，只是在需要的时候才调用相应的块，提高了 CPU 的利用率。

3）结构化编程

结构化编程将复杂的自动化任务分解为小任务，这些任务由相应的逻辑块来表示,程序运行时所需的大量数据和变量存储在数据块中。这些程序块是相对独立的,它们被 OB1 或其他的程序块调用。调用时将"实参"赋值给"形参"。

运用经验法或采用线性程序结构设计出来的程序很难读懂,更不易于程序的设计、修改和调试,给系统的维修和改进也带来了很大的困难。图 6.12 的工艺流程只是供料单元最基本的生产过程,对于完整的控制程序还应包括操作方式、复位、停止、急停等控制功能。在设计程序时,采用模块化编程可以将这些控制功能用不同的子程序实现控制任务。图 6.13 所示为供料单元的程序结构。

循环执行的用户主程序,在每次循环中都会调用组织块 OB1,因此 OB1 实际上就是用户主程序。在供料单元的 OB1 主程序中,根据需要调用相应的子程序。

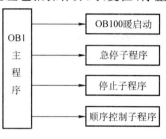

OB1 主程序 → OB100暖启动 / 急停子程序 / 停止子程序 / 顺序控制子程序

图 6.13　供料单元程序结构

OB100 是 PLC 进行暖启动的组织块。当 PLC 得电或从 STOP 模式切换到 RUN 模式,CPU 执行一次全启动,即调用 OB100。在全启动期间,操作系统首先清除位存储器、定时器和计数器,删除中断堆栈和块堆栈,复位所有的硬件中断和诊断中断,然后启动扫描循环监视时间。

急停、停止和顺序控制子程序是用户设计的实现供料单元功能的子程序,在下面程序设计部分详细介绍。

3. 设计方法

MPS 的每一工作单元都是一个独立的顺序控制系统,它们连接起来组成的一条自动化生产线,是典型的自动化系统。

对于顺序控制系统,PLC 控制程序编制时可以采用不同的编程方法。S7—300 的编程软件 STEP7 中的 S7 Graph 是一种顺序功能图编程语言,可以用这种编程语言直接编写顺序控制程序。此外,现在大多数 PLC,包括西门子 S7—200 还没有顺序功能图语言,因此有必要学习根据顺序功能图设计顺序控制程序的编程方法,它们是使用起保停电路设计顺序控制程序的编程方法和使用置位/复位指令设计顺序控制程序的编程方法。

6.4.4　使用 S7 Graph 设计顺序控制程序

MPS 是典型的顺序控制系统,优先选用的设计方法就是顺序控制设计法。顺序控制设计法是一种先进的设计方法,很容易被初学者接受,对于有经验的工程师也会提高设计效率,节约大量的时间。程序的调试、修改和阅读也很方便。

顺序控制设计法是将一个工作周期划分为若干个顺序相连的步,然后用存储器位来代表各步。步是根据输出量的 ON/OFF 状态来划分的,在任何步内,输出量的状态不变,但相邻两步的输出量总的状态是不同的。因此,步的划分使编程元件和输出状态之间有着极为简单的逻辑关系。

顺序控制设计方法的步骤是根据系统的工艺流程画出顺序功能图;再根据顺序功能图画出梯形图;最后运用 STEP7 中 S7 Graph 编程语言生成顺序功能图就可完成程序设计工作。

1. 顺序控制程序流程

供料单元如果在自动模式下,且料仓中有工件、各个执行机构都在其初始位置,当按下启动(START)按钮时,将存放在料仓中的工件取出并转送出去;只要料仓中有工件,此过程就继续运行。在程序运行过程中,当按下停止(STOP)按钮后或者当料仓中无工件时,供料单元在完成当前的工作循环之后停止运行,并且各个执行机构回到初始位置。

供料单元的执行机构若不在初始位置、料仓中无工件,则不允许启动。

供料单元的初始状态为料仓中有工件、摆臂处于最左端(供料位置)、推料杆处于退回位置(未推料,伸出状态)。

根据控制任务要求及安全、效率、工作可靠性的基础上,参照生产工艺过程,在设计程序之前应先设计 PLC 控制程序流程图,如图 6.14 所示。

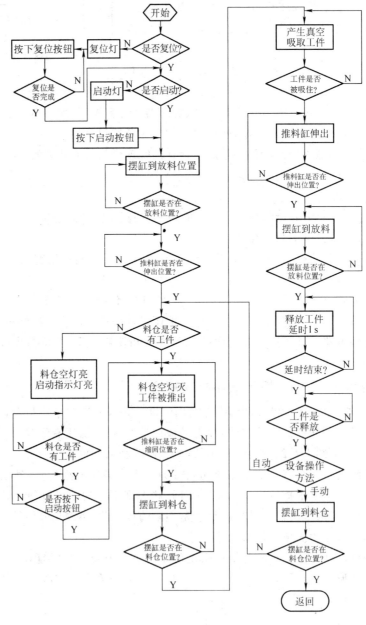

图 6.14　供料单元控制程序流程图

技 能 训 练 27

任务　构建供料单元程序结构设计

任务要求

（1）根据供料单元的工艺流程，设计控制程序结构。

（2）在供料单元项目中的"Blocks"中插入相应的子程序块。

做什么

（1）编辑符号表。在已建立的供料单元项目中，根据输入/输出信号分配的地址编辑符号表。

（2）插入功能和功能块。OB100 为初始化组织块，FC11、FC12 分别用于编写急停和停止程序。FB11 是供料单元自动控制程序。

结果　供料单元建立的自动控制程序项目如图 6.15 所示。

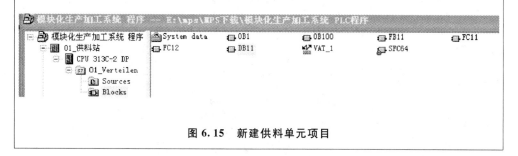

图 6.15　新建供料单元项目

---

2. 初始化程序

在 PLC 进入 RUN 模式的第一个扫描周期，系统调用组织块 OB100 并运行一次。

OB100 中的初始化程如图 6.16 所示，采用 MOVE（变量赋值）指令，将输入 IN 指定的数据（0）送入输出 OUT 指定的地址。由于输出指定的地址可以是字节（8 位）、字（16 位）或双字（32 位），因此，可同时使供料单元的所有输出信号和所有使用的位存储器复位。初始标志位"Init_Bit"是唯一被置位的，但在 OB1 中当一个循环结束后被复位。

3. 主程序 OB1

在 OB1 组织块中，用块调用指令来实现控制功能和工作方式的切换。OB1 主程序如图 6.17 所示，图示选用的是梯形图语言 LAD。FC11 是急停程序块，FC12 是停止程序块，FB11 是顺序控制的程序块，它们被无条件调用。

在 OB1 主程序中，设置了许多标志位，这些标志位由位存储器来完成。

供料单元的原始位置由"Init_Pos"位存储器来标志。如果供料单元在初始位置，则"Init_Pos"为 1。"Init_Pos"将在程序的很多地方被判断。

"F_Start"是程序开始标志位，开始条件是如果在初始位置按下"开始"按钮（S_Start），F_Start 位存储器就被置位（为 1）；如果在手动操作并且循环结束或按了急停按钮，"F_Start"就被复位。

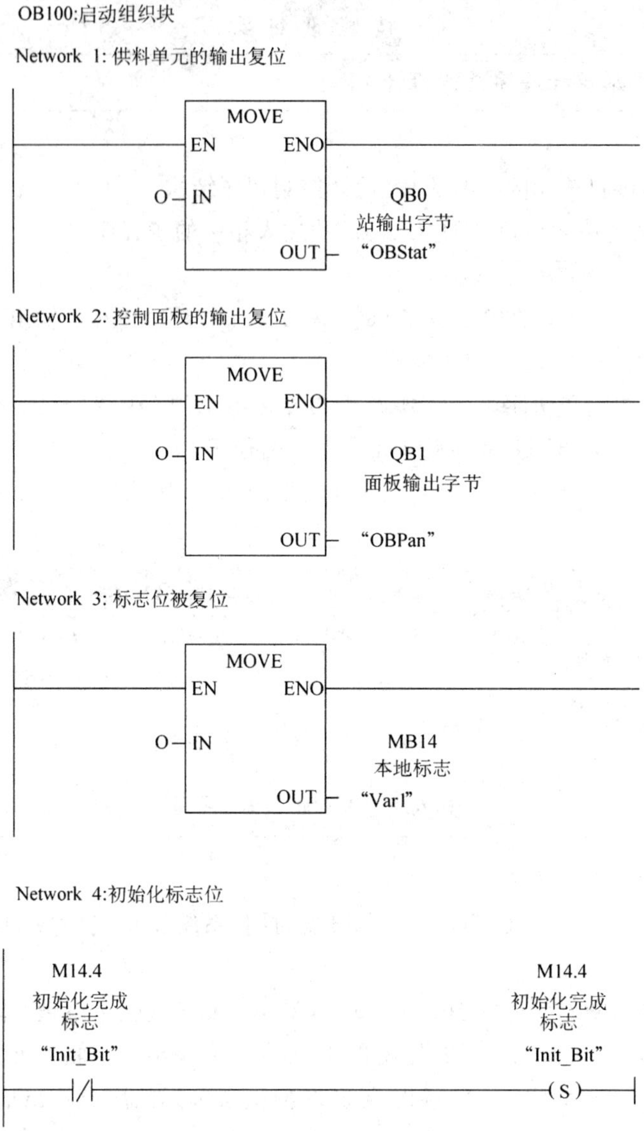

OB100:启动组织块

Network 1: 供料单元的输出复位

```
            ┌─────────────┐
            │    MOVE     │
       ──────┤EN        ENO├──────────────
            │             │
       O ───┤IN           │       QB0
            │             │       站输出字节
            │          OUT├───    "OBStat"
            └─────────────┘
```

Network 2: 控制面板的输出复位

```
            ┌─────────────┐
            │    MOVE     │
       ──────┤EN        ENO├──────────────
            │             │
       O ───┤IN           │       QB1
            │             │       面板输出字节
            │          OUT├───    "OBPan"
            └─────────────┘
```

Network 3: 标志位被复位

```
            ┌─────────────┐
            │    MOVE     │
       ──────┤EN        ENO├──────────────
            │             │
       O ───┤IN           │       MB14
            │             │       本地标志
            │          OUT├───    "Var1"
            └─────────────┘
```

Network 4:初始化标志位

```
     M14.4                              M14.4
     初始化完成                          初始化完成
      标志                                标志
    "Init_Bit"                         "Init_Bit"
   ────┤/├──────────────────────────────( S )──────
```

图 6.16　OB100 组织块

　　"Init_Bit"是初始化标志位,每一次 PLC 上电后,在启动组织块 OB100 中被置位,在组织块 OB1 中被复位。当初始化完成标志"Init_Bit"为 1,或按了急停按钮"Em_Stop"或按了停止按钮"S_Stop",顺序控制的工步就被初始化,初始化的结果是每一步都被复位。

　　在 OB1 组织块(主程序)中,除了程序共用的一些程序段外,其他的一些程序功能是通过调用功能或功能块来实现的。如果按下急停按钮,急停程序被调用;如果按下停止按钮被按下,停止程序被调用。但实现供料单元生产过程的顺序控制程序的功能块是 OB1 中被无条件调用的,只要条件满足,程序就能按照设计的工艺正常运行。

　　在用 STEP7 软件设计程序时,在每个程序段都可以标注程序段名称,描述该段程序完成的功能,这样有助于分析、设计使用。

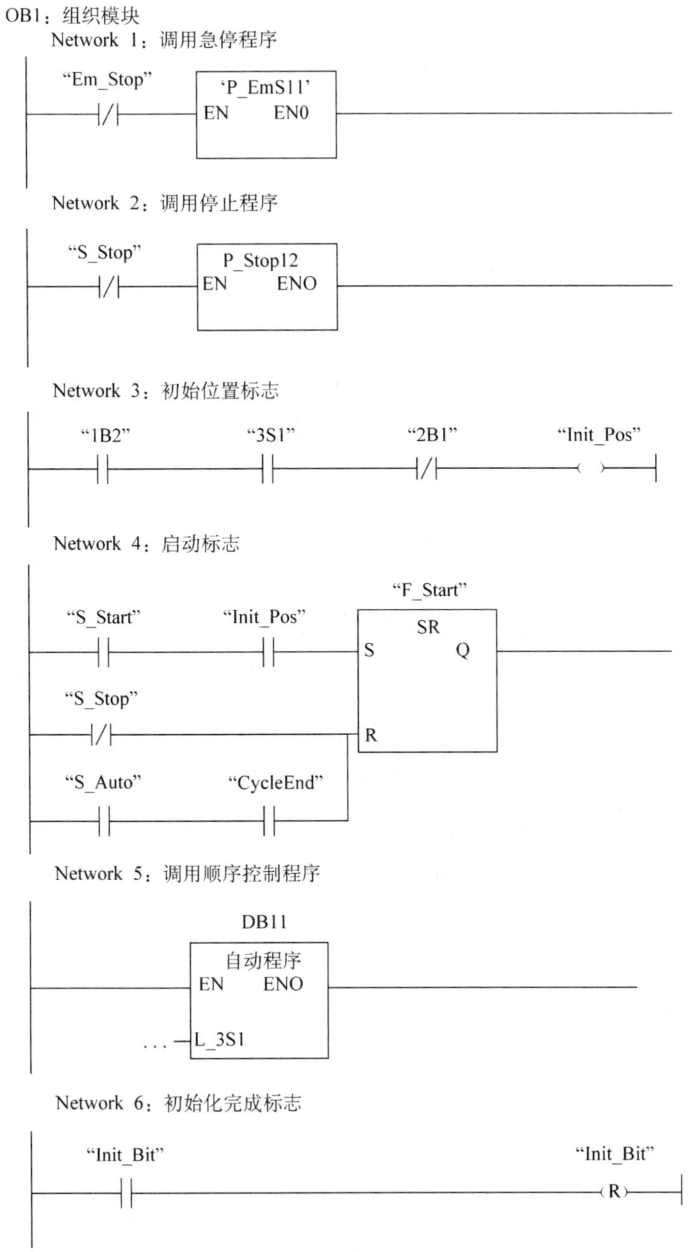

OB1：组织模块

　　Network 1：调用急停程序

　　Network 2：调用停止程序

　　Network 3：初始位置标志

　　Network 4：启动标志

　　Network 5：调用顺序控制程序

　　Network 6：初始化完成标志

图 6.17　OB1 主程序

4. 急停程序 FC11

急停程序把控制面板和工作单元的输出信号、位存储器都复位,且顺序控制 FB11 也被复位,程序如图 6.18 所示。当调用 FC11,供料工作单元的所有输出都要复位,立即停止运行。

急停程序也是采用 MOVE 指令将输出、位存储器复位的。

5. 停止程序 FC12

调用停止程序时,供料单元所有输出信号、位存储器都被复位,开始和复位指示灯也被复位,同时 FB11 也被复位。与急停程序不同的是,调用停止程序后,正在运行的程序要执行完,且回到初始位置后,再停止运行。程序如图 6.19 所示。

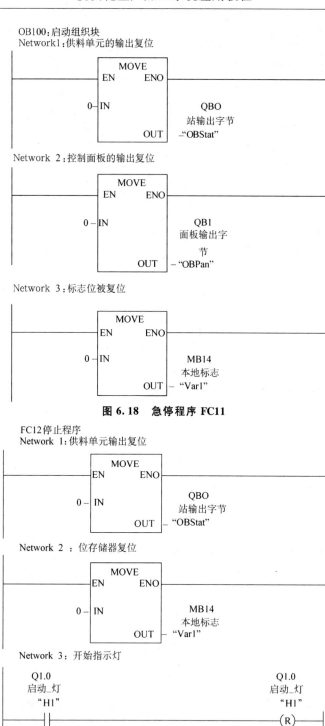

OB100:启动组织块
Network1:供料单元的输出复位
MOVE
EN
ENO
0
IN
OUT
QBO
站输出字节
"OBStat"
Network 2:控制面板的输出复位
MOVE
EN
ENO
0
IN
OUT
QB1
面板输出字
节
"OBPan"
Network 3:标志位被复位
MOVE
EN
ENO
0
IN
OUT
MB14
本地标志
"Var1"

图 6.18 急停程序 FC11

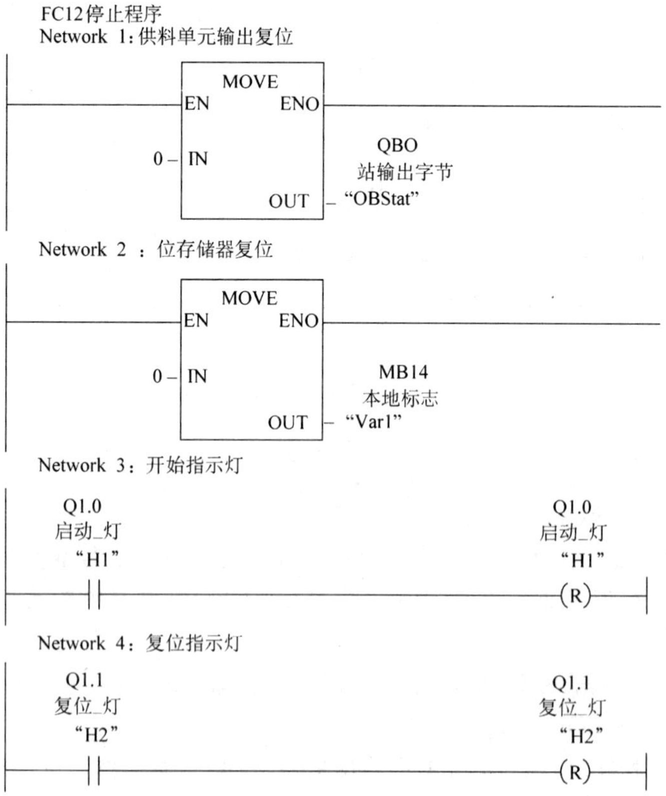

FC12停止程序
Network 1:供料单元输出复位
MOVE
EN
ENO
0
IN
OUT
QBO
站输出字节
"OBStat"
Network 2 : 位存储器复位
MOVE
EN
ENO
0
IN
OUT
MB14
本地标志
"Var1"
Network 3: 开始指示灯
Q1.0
启动_灯
"H1"
Q1.0
启动_灯
"H1"
R
Network 4: 复位指示灯
Q1.1
复位_灯
"H2"
Q1.1
复位_灯
"H2"
R

图 6.19 停止程序 FC12

技 能 训 练 28

任务　调试 OB100**、急停** FC11**、停止程序** FC12

任务要求

　(1)掌握 STEP7 程序编辑器的使用。

　(2)熟练应用梯形图常用逻辑指令的编程。

做什么

　(1)OB100、FC11、FC12 程序的录入。将前面介绍的 OB100、FC11、FC12 程序逐一进行录入,并保存。

　(2)在 OB1 中调用 OB100、FC11 和 FC12。

　(3)模拟调试。用 S7 PLCSIM 仿真器模拟调试 OB100、FC11 和 FC12 程序。

　(4)实际运行调试。下载上述程序到实际设备,运行调试,修改并完善。

---

6. 顺序控制程序 FB11

MPS 的每一工作单元都设有手动和自动两种控制方式。供料单元的手动控制方式,实际上指单循环控制方式,按下启动按钮,若摆臂的初始位置位于最左端的供料模块,则摆臂只执行一次摆出摆入的动作循环,即程序启动后,仅执行一次循环。

设计顺序控制程序时,手动和自动控制方式可以在一个功能或功能块中,也可在不同的块中,这里采用在同一个 FB11 功能块中进行编程。

在用 S7 Graph 编程时,应首先画出供料单元的顺序功能图,如图 6.20 所示。图 6.20 的顺序功能图中,状态 S 表示各顺序执行的步,状态之间的短线表示步之间的转换条件,在每步的右边显示执行到该步时的驱动输出。

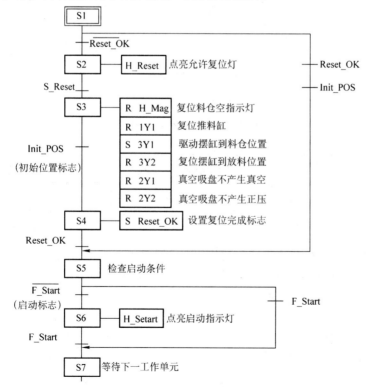

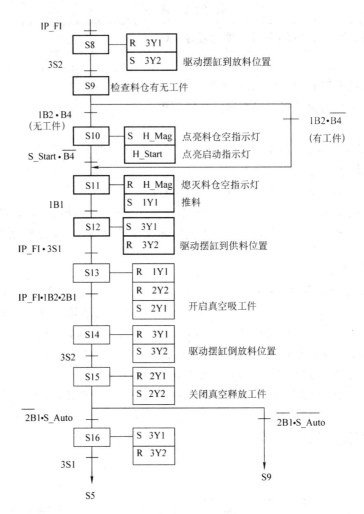

图 6.20　顺序功能图

根据图 6.20 所示的顺序功能图,采用 S7 Graph 编程语言,完成程序设计,部分程序如图 6.21 所示。其余的程序读者自己补充完整。

技 能 训 练 29

任务　用 S7 Graph 设计并调试供料单元自动控制程序

任务目标

(1)掌握 STEP7 程序编辑器的使用。

(2)熟练应用梯形图常用逻辑指令编程。

(3)熟练应用 S7 Graph 编程语言。

做什么

(1)插入 FB11 功能块。在供料单元项目下的"Blocks"文件夹中插入 FB11,选择 S7 Graph 编程语言。

（2）编辑 FB11 的变量声明表。打开 FB11 程序编辑器,在变量声明表中定义将要用到的变量形参。

（3）编写供料单元顺序控制程序。根据前面介绍的供料单元生产工艺流程、程序流程及顺序功能图,在 FB11 中编写控制程序并保存。

（4）在 OB1 中调用。在 S7 Graph 程序编辑器中执行菜单命令"Option"→"Block Settings",在出现的对话框的"Compile/Save"选项卡的"FB Parameters"区中,选择需要的参数集。调用 FB1 时生成背景数据块 DB1。

（5）调试。首先用 S7 PLCSIM 仿真器模拟调试 FB11 程序。然后再下载上述程序,并运行调试最后修改并完善。

参考程序　图 6.21 为用 S7 Graph 编写的供料顺序控制程序。

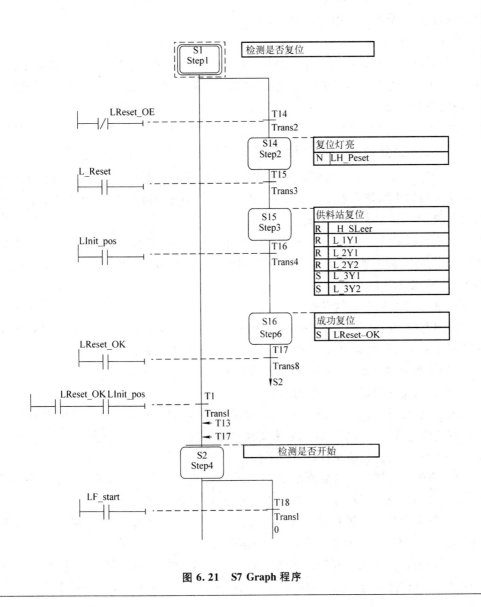

图 6.21　S7 Graph 程序

方法与建议

(1)在检查程序时,重点检查各个执行机构之间是否会发生冲突,同一个执行机构在不同的阶段所作的相同的动作是否区分开了。

(2)如果几个程序段实现的都是同一个执行机构的同一个动作,只是实现的条件不同,则应该将这几个程序段按照逻辑关系合并。

(3)只有经过认真、全面地检查过程序,并且再也查不出错误的时候,才可以上机运行,进行实际调试,不可以在不经过检查的情况下直接在设备上运行,否则,如果程序存在着严重的错误,极易造成设备的损坏。

(4)在调试程序时,可以利用 STEP7 软件所带的调试工具,通过监视程序的运行状态并结合观察到的执行机构的动作特征,来分析程序存在的问题。

(5)如果经过调试修改,程序能够实现预期的控制功能,则还应多运行几次,以检查运行的可靠性,查找程序的缺陷。

(6)请注意总结经验。

供料单元的复位控制程序、急停控制程序及手动单步控制程序,请读者根据6.2.1节中讲述的具体控制要求,编写出相应的控制程序。此内容留作读者进行练习发挥的题目。

6.4.5　置位/复位指令设计顺序控制程序

对于顺序控制系统也可以采用起保停和置位/复位的程序设计方法,但这两种方法要用大量的中间单元来完成记忆、联锁和互锁的功能。因此,对于比较复杂的顺序控制系统,不易直接修改和调试。

采用置位/复位指令设计供料单元的顺序控制程序,它的设计思想与顺序功能图比较相似,也是根据控制对象的工艺流程进行编程。在编写程序时,要用大量的辅助继电器(M)作为中间控制步。

1. 梯形图与顺序功能图的对应关系

使用置位/复位指令的顺序控制梯形图编程方法又称以转换为中心的编程方法。如图 6.22(a)所示,实现图中的转换需要同时满足下列条件。

(1)该转换的前级步(位元件)为活动步。

(2)转换条件满足(如 I0.1 为 ON)。

由于该电路接通时间只有一个扫描周期,因此需要用具有记忆功能的电路保持它引起的变化,采用置位/复位指令来实现记忆功能。

转换电路接通时,应执行以下两个操作。

(1)应将本转换的所有后续步变为为活动步,即将代表后续步的存储器位为 ON 状态,并保持。因此用具有保持功能的置位(S)指令来完成。

(2)应将本转换的所有前级步变为不活动步,即将代表前级步的存储器位置为 OFF 状态,并保持。因此用具有复位(R)指令来完成。

图 6.22(a)左面为单流程顺序功能图,右面为与之对应的用置位/复位指令编写的梯形图。只有前级步为活动步,且转换条件满足时,后续步方可变为活动步。后续

步一旦变为活动步,前级步自动变为不活动步,并保持此状态。

　　图 6.23(b)左面为选择性分支与汇合的顺序功能图,图 6.23(c)图左面为并行分支与汇合的顺序功能图。两图右面均是与之对应的梯形图,梯形图程序满足步转换的要求。

　　采用置位/复位指令设计供料单元的控制程序,作为实训项目由读者自己设计程序。

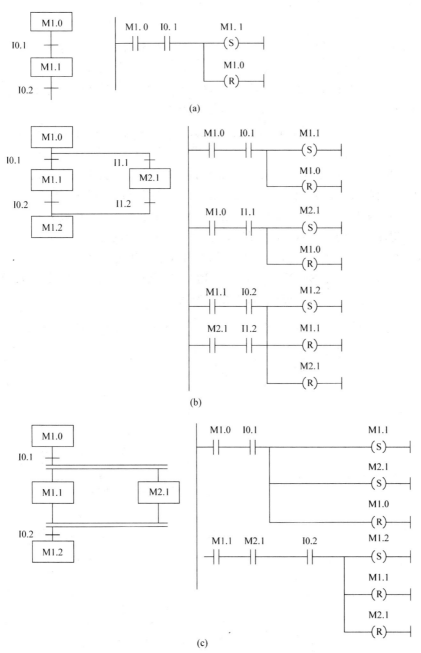

图 6.22　顺序功能图与程序对应关系

(a)单流程;(b)选择分支;(c)并行分支

技 能 训 练 30

任务 用置位/复位指令设计并调试供料单元自动控制程序

任务目标

(1)掌握 STEP7 程序编辑器的使用。

(2)熟练应用梯形图常用逻辑指令编程。

做什么

(1)新建供料单元项目。在供料单元项目下的"Blocks"文件夹中插入 FB11,选择梯形图编程语言。

(2)插入功能和功能块。OB100 为初始化组织块,FC11、FC12 分别用于编写急停和停止程序,FB11 用于供料单元自动控制程序。

(3)编辑 FB11 的变量声明表。打开 FB11 程序编辑器,在变量声明表中定义将要用到的变量形参。

(4)用置位/复位指令编写供料单元顺序控制程序。根据前面介绍的供料单元生产工艺流程、程序流程及顺序功能图,在 FB11 中编写控制程序,并保存。

(5)编写 OB100、FC11 和 FC12 程序。将前面已经编好的 OB100、FC11 和 FC12 的程序,拷贝到新建供料单元项目下的"Blocks"中,进行修改。

(6)在 OB1 中调用。在 OB1 中调用 FC11、FC12 和 FB11。

(7)调试。首先用 S7 PLC SIM 仿真器模拟调试 FB11、FC11 和 FC12 程序。然后再下载上述程序,运行调试,修改并完善。

第7章

检测单元的 PLC 控制

学习目标

1. 掌握检测单元的组成和基本功能。
2. 了解传感器在检测单元中的作用。
3. 掌握 PLC 控制程序设计的方法。

7.1 检测单元的结构和功能剖析

典型产品的测试包括工件颜色、质量、高度、大小和位置等检查。手工操作中,不合格产品可以被立刻分离出;而在自动化的生产系统中,如果不良品没有被及时分离出,可能会彻底地打乱操作过程甚至导致运行停止。因此,检测在自动化系统生产中具有非常重要的地位。

检测单元的任务是对供料单元提供的工件进行材料识别和尺寸检测。合格产品通过滑槽送到下一站,不合格的工件在本单元被剔除。本单元模拟了实际生产中对材料的检测过程,检测操作之一是实现两种材质(金属和非金属)和三种颜色(红色、黑色和白色)的识别;另一检测操作实现对工件高度的检测。

检测单元结构组成如图 7.1 所示,主要由 I/O 接线端子、识别模块、升降模块、测量模块、滑槽模块、气源处理组件和 CP 阀组等组成。

1. 识别模块

识别模块是对工件的颜色进行识别,如图 7.2 所示,主要由电容传感器、反射式光电传感器和一个安装支架组成。电容传感器属于接近开关类传感器,在任何物体接近它时都动作;当工件是红色或铝合金银色时,能将漫反射式光电式传感器发射的光线反射到接收端,所以,漫反射式光电式传感器能识别黑色和非黑色物体。识别模块的识别结果为:如果是金属或红色工件,两个传感器都动作,均有动作输出;如果是黑色工件,仅电容传感器有信号输出。识别模块的功能是对工件的颜色进行识别。

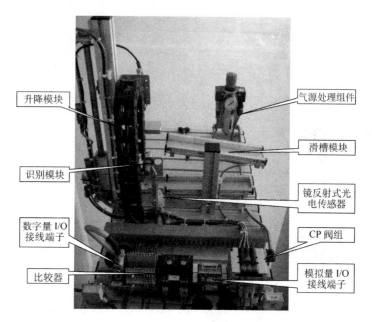

图 7.1　检测单元

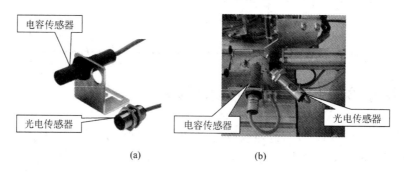

(a)　　　　　　　　(b)

图 7.2　识别模块

(a)实物;(b)传感器在模块中的安装位置

2. 升降模块

升降模块用于将供料单元送来的工件运送到检测模块进行工件的检测和分流。其结构如图 7.3 所示,主要由无杆汽缸、单作用直线汽缸、工作平台及传感器组成。

工作平台用于放置待检测的工件;直线单作用汽缸将工件从工作台上推出。工作台和单作用汽缸通过螺栓固定在一起,二者又通过螺栓固定在无杆汽缸的滑块上由滑块带动完成升降。

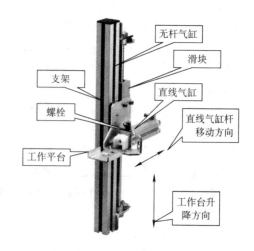

图 7.3　升降模块实物

　　无杆汽缸的结构如图 7.4 所示,它的空心缸体固定在支架上,缸内活塞为永磁物质,在外部的滑块内侧镶着异性磁极的永磁物质。当活塞在缸内移动时,外滑块在缸体外随之移动,带动工作台和直线汽缸一起移动,使工件到达检测模块接受检测。另外,在无杆汽缸的两端安装有磁感应接近开关,以确定滑块移动的位置,即确定工作台移动的极限位置,从而实现移动位置检测。

　　3. 测量模块

　　测量模块用于测量工件的高度,由模拟量传感器和支架组成,如图 7.5 所示。该模拟量传感器实际上是一个电阻式传感器,即由电位器构成的分压器。它将测量杆的位移量转变为电位器电阻值的变化,再经位置指示器转换为 $0 \sim 10\ \text{V}$ 的直流电压信号,通过模拟量输入模块送入 PLC。

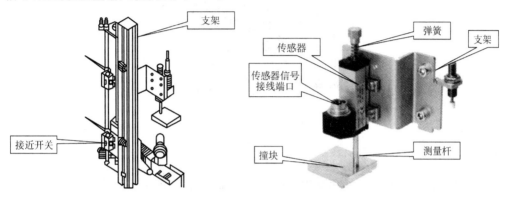

图 7.4　无杆汽缸的结构　　　　　　　图 7.5　测量模块

　　位置指示器实际是一个电压比较器,将测量杆给定高度,与工件顶压后杆实际高度值转变为电位器的电阻值,进行比较,根据比较结果判断工件高度是否合格。其实物和结构示意如图 7.6 所示。

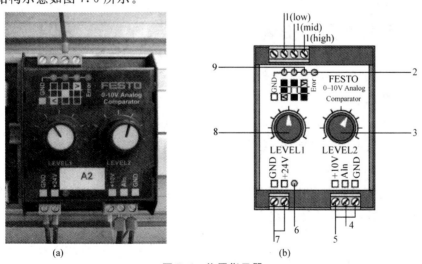

(a)　　　　　　　　　　　(b)

图 7.6　位置指示器

(a)实物外观;(b)结构原理图

1—直流输出端子;2—输出错误指示;3—电位器 2(上限值);4—模拟量输入端子;5—位移传感器的参考电压;
6—外部操作电压显示;7—外部操作电压;8—电位器 1(下限值);9—开关量输出状态显示

4. 滑槽模块

滑槽模块提供两个物流方向,如图 7.7 所示。上滑槽用于将合格工件分流到下一工作单元;下滑槽用于分流不合格工件,将它们从检测单元分离出去。上滑槽应倾斜安装,靠近检测单元处高度高于下一工作单元,其上有许多小孔,用于吹气时能快速将工件滑向下一单元。

图 7.7　滑槽模块

5. 安全模块

在检测单元还有一个镜反射式光电传感器,安装在图 7.1 所示位置。当光电传感器的光栅被阻断时,说明在工作平台的上方有物体,升降模块停止升降,等待阻断物体消失后,升降模块才可工作。在 5 站的 MPS 系统中,当供料单元的旋转汽缸驱动摆臂到达检测单元,摆臂将安全光栅阻断,光电传感器输出信号发生改变,升降模块停止升降,以防止与摆臂碰撞。

7.2　检测单元的安装

检测单元的所有模块(或组件)均安装在铝合金板上。其安装的步骤如图 7.8 所示,具体步骤如下。

(1)在铝合金板上安装走线槽、盖板和导轨,如图 7.8(a)所示。

(2)在导轨上依次安装 I/O 数字量接线端子、位置指示器、模拟量接线端子和 CP 阀组,如图 7.8(a)所示。

(3)安装气源处理组件,然后安装光电传感器的发射端和反射板以及电容传感器。之后,安装已经固定了工作台和测量模块的升降模块,如图 7.8(b)所示。

(4)安装升降模块的走线槽和滑槽模块,如图 7.8(c)所示。

(5)最后进行检测单元的电气布线和气路连接。

检测单元的使用要求参照供料单元的使用要求,这里不再重述。

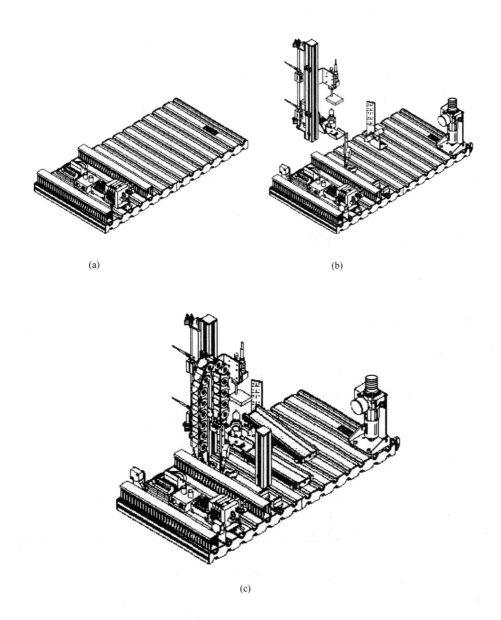

(a)　　　　　　　　　　　　　(b)

(c)

图 7.8　检测单元安装图

(a)步骤一;(b)步骤二;(c)步骤三

7.3　检测单元独立运行 PLC 控制

　　MPS 的每一工作单元都由一台 PLC 独立控制,各个工作单元可以独立运行,也可组合成一个系统运行,本章以检测单元独立运行 PLC 控制进行分析。分析过程采取学做一体的方式。

技 能 训 练 31

任务　绘制检测单元气动控制回路

做什么

（1）观察检测单元的气动回路的组成。观察检测单元的工作过程，记录气动执行机构的数量和作用。

利用数字仿真盒或电磁阀手动操作开关，控制相应的汽缸动作，观察各汽缸动作特征，分析判断电磁阀的类型。

注意：观察汽缸的动作时，注意构成汽缸的 3 种工作状态：操作前执行机构状态；操作过程中驱动信号去掉时执行机构的状态；执行机构动作完成后驱动信号去除后，执行机构的状态。

（2）绘制检测单元的气动控制回路。利用 Fluid SIM－P 软件画出检测单元的气动控制回路，然后进行模拟仿真，反复进行修改。

技 能 训 练 32

任务　确定检测单元 PLC 的 I/O 端子

任务要求

（1）知道传感器在检测单元中的应用。

（2）正确使用数字仿真盒。

（3）确定检测单元 PLC 的 I/O 接线端子数量和类型。

做什么

（1）观察检测单元各组成部分的作用。

（2）观察控制信号与汽缸动作之间的关系。

（3）确定 PLC 的 I/O 端子地址。利用数字仿真盒，逐一驱动各执行机构动作，观察并记录各执行机构的动作特征、控制阀的种类及在 PLC 输出端口的地址。同时观察传感器安装位置、动作及其信号变化。查明各传感器在 PLC 的接口地址，并记录。

（4）记录数据。将检测单元执行机构动作情况、PLC 的 I/O 接口信号和地址进行整理。

自己设计表格记录实训数据。表格内容包括：输入输出设备符号、用途、各信号地址、状态及其功能描述等。

成果要求

（1）制作 PLC 的 I/O 接线端子地址表。

（2）画出 PLC 的 I/O 端口接线图。

注意事项

（1）观察检测单元结构时，不要用力拽拉导线、气管；不要随便拆卸元器件及其他装置。

（2）当 PLC 处于 RUN 或 RUN－P 操作模式时，禁止手动方式操作电磁阀。

　　(3)使用数字仿真盒驱动执行机构时,禁止同时驱动两个以上的执行机构动作,以免它们相碰撞,损坏设备。

　　(4)气动执行机构在接通气源时,禁止用手直接扳动气动元件。

参考答案

　　检测单元部分 PLC 输入/输出接口地址见表 7.1,还有一些输入/输出接口地址,如启动按钮、停止按钮、启动指示灯、复位指示灯等,请读者自己整理出来。

表 7.1　分拣单元 PLC 输入/输出接口地址表

接口类型	Symbol	Address	Data type	Comment
输入	B1	I0.0	BOOL	工作台有待检测工件
	B2	I0.1	BOOL	检测非黑色工件
	B4	I0.2	BOOL	安全光栅("0"有效)
	B5	I0.3	BOOL	检测工件高度合适("1"有效)
	1B1	I0.4	BOOL	提升汽缸已上升到位("1"有效)
	1B2	I0.5	BOOL	提升汽缸已下降到位("1"有效)
	2B1	I0.6	BOOL	推料汽缸已缩回到位("1"有效)
输出	1Y1	Q0.0	BOOL	驱动提升汽缸下降
	1Y2	Q0.1	BOOL	驱动提升汽缸上升
	2Y1	Q0.2	BOOL	驱动推料汽缸
	3Y1	Q0.3	BOOL	开启气动滑槽

7.3.1　检测单元的工艺流程

1. 检测单元的操作方式

检测单元操作方式分为自动和手动两种。

1)手动单循环控制模式

手动单循环操作模式简称手动操作模式。当设备满足启动条件时,按下启动按钮,检测单元首先对工件的颜色和材质进行识别,并储存识别结果;然后将工作平台上升至高度检测位置,对工件高度进行测量,根据测量结果对工件进行分流。合格工件从上滑槽分流出去,不合格工件在下滑槽分流;最后,执行机构都返回到初始位置。

该模式下不需使用停止按钮,执行机构返回到初始位置时就停止工作。每次运行均需按动启动按钮。

2)自动循环控制模式

自动循环操作模式简称自动操作模式。当执行机构处于初始位置,按下启动按钮,检测单元处于待检测状态。当工作平台上有工件时,先要对工件的颜色和材质进行识别,并储存识别结果;然后将工作平台上升至高度检测位置,对工件高度进行测量,根据测量结果对工件进行分流。合格工件从上滑槽分流出去,不合格工件在下滑槽分流;最后,执行机构都返回到初始位置,等待检测下一个工件。

自动模式下,检测单元启动后按下停止按钮,如果检测单元处于待检测状态,则直接停止;如果检测单元处于检测状态,则在完成当前的工作,且各个执行机构返回到初始位置后停止工作。

2. 检测单元初始位置

检测单元自动和手动模式,执行机构的初始位置是一样的。初始状态如下。

(1)升降汽缸(工作平台)在下端。

(2)推料汽缸处于退回(活塞杆缩回)位置。

3. 检测单元生产工艺流程

根据检测单元的控制方式和控制任务、各部分功能、执行机构与控制信号之间的关系,在满足安全、工作可靠性前提下,设计生产工艺流程。图7.9所示的检测单元生产工艺流程仅供大家参考。

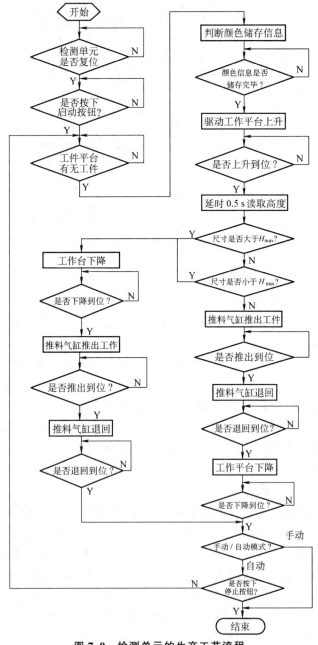

图 7.9 检测单元的生产工艺流程

7.3.2　检测单元的程序设计

为了使同学们得到更多的锻炼,检测单元的程序流程及控制程序不再给出,请大家自己设计。

技 能 训 练 33

任务　设计检测单元自动模式控制程序流程

做什么

(1)分析检测单元的控制任务。仔细观察检测单元的工作过程,了解执行机构与控制信号之间的关系。

(2)确定控制程序结构。检测单元是典型的顺序控制系统,采用模块化程序结构,对实现不同控制功能的子程序进行分工。

(3)设计控制程序流程。参照检测单元的生产工艺流程及控制任务要求,设计自动模式控制程序流程。

结果

(1)提交检测单元程序结构和子程序实现功能要求。

(2)完成检测单元控制程序流程图。

技 能 训 练 34

任务　设计与调试检测单元 PLC 控制程序

任务要求

(1)能够熟练使用 STEP7 软件包。

(2)设计检测单元控制程序,要求能够实现基本控制功能。

(3)具备实际调试程序的能力。

做什么

(1)创建检测单元控制程序项目。完成硬件配置,编制符号表,插入相应程序块。

(2)确定控制程序结构。检测单元是典型的顺序控制系统,采用模块化程序结构,对实现不同控制功能的子程序进行分工。

(3)设计控制程序。完成检测单元控制程序的设计。自动运行控制程序,用 S7 Graph 语言编写在 FB 中,通过 OB1 调用。停止、急停程序编写在 FC 或 FB 中,仍要通过 OB1 调用。

(4)调试程序。程序编写完成后,先用 S7 - PLCSIM 仿真器模拟调试,仿真调试实现功能后,再进行实际运行调试。最后修改和完善程序。

方法与建议

(1)停止、急停、顺序控制程序分别编写在不同的 FC 或 FB 中,在主程序 OB1 中调用。

(2)在控制程序中,创建一个"启动/停止"标志位信号,通过信号控制程序执行。

(3)注意区分"1"信号和"沿"信号。

(4)实际运行调试时,采用分步调试的方法。可先调试 OB100、停止、急停程序,然后再调试自动控制程序。

第8章

加工单元的 PLC 控制

学习目标
1. 掌握加工单元的组成和基本功能。
2. 了解传感器在加工单元中的作用。
3. 掌握 PLC 控制程序设计的方法。

8.1 加工单元的结构和功能剖析

加工单元是 5 站 MPS 的第三个工作单元,可以模拟钻孔加工及钻孔质量检测的过程。加工单元是唯一没有使用气动元件的工作单元,主要由旋转工作台、钻孔模块、检测模块、电气分支及传感器组成,如图 8.1 所示。旋转工作台放置工件,由直流电机驱动,工件在平台上平行地完成检测及钻孔的加工。工作台的定位由传感器回路完成,电感式传感器检测平台的位置。由带电感式传感器的电磁执行装置来检测工件是否放置在合适的位置,在进行钻孔加工时,电磁执行件夹紧工件,加工完的工件通过电气分支送到下一个工作单元。

1. 旋转工作台模块

旋转工作台模块主要由旋转工作台、直流电机、电感式接近开关、漫反射式光电传感器、支架、定位凸块等组成,如图 8.2 所示。

旋转工作台被支架固定在铝合金底板上,通过直流电机驱动旋转,实现各工位上工件的流动。工作台有 6 个加工工位,每个工位都有一个圆孔,在其中 3 个工位圆孔的下面安装有反射式光电传感器用于对工件的识别。

3 个光电传感器被固定在铝合金板上,分别在图 8.2(b)所示工位 1、2、3 位置,它们不随工作台旋转而转动。工位 1 用于识别相应工位有无工件。旋转工作台转动时,如果相应工位上没有工件,则光电传感器发出的光线将直接穿过圆孔,没有反射光线返回给传感器,传感器的输出信号为"0";如果工位上有工件,输出信号为"1"。

图 8.1　加工单元的结构

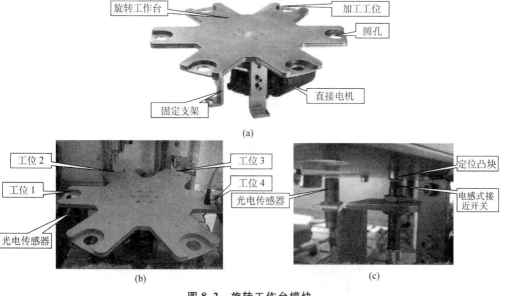

(a)

(b)　　　　　　　　　　　　　　(c)

图 8.2　旋转工作台模块

（a）旋转工作台实物；（b）工作台安装位置；（c）工作台的定位

工位 1 的作用是检测有无工件传送到加工单元。工位 2 的作用是检测待加工工件的高度是否符合要求。工位 3 实现对工件的钻孔加工。工位 4 用于将加工完成后工件与本工作单元分离。

旋转工作台每次转动 60°，由电感式接近开关判断工作台的位置，实现工作台的定位控制。对于工作台的 6 个工位，分别有 6 个金属凸块与之对应，各凸块与工作台相对固定。当凸块接近电感式接近开关时，就会使接近开关动作，输出"1"信号，根据该信号判断工作台是否旋转到位。

2. 检测模块

检测模块用于检测待加工工件孔的深度,只有孔深合格的工件,方可送到钻孔模块进行钻孔加工。检测模块的结构如图 8.3 所示,主要由检测模块固定支架、检测探头、检测电磁铁固定支架及检测传感器等组成。

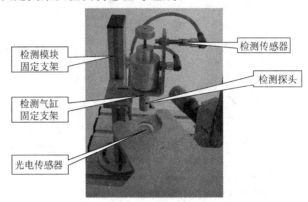

图 8.3　检测模块

检测工件孔深度是通过安装在其上的磁感应接近开关来判断的。若汽缸杆能下降到位,则认为孔的深度合格;反之,汽缸杆不能下降到位,认为孔的深度不合格。所以工件孔的深度是否合格是由汽缸杆是否能下降到位判断的。

3. 钻孔模块

钻孔模块是用来模拟自动化生产线的钻孔加工过程,图 8.4 所示为从前后两个

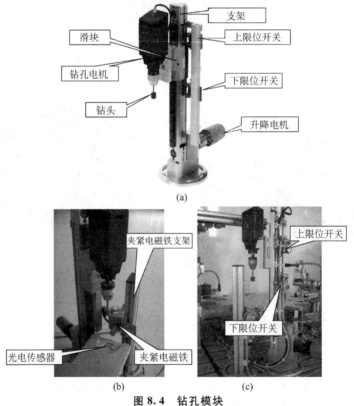

图 8.4　钻孔模块

(a) 钻孔模块实物;(b)前视图;(c)后视图

方向观察的钻孔模块实物,它主要由钻孔电机、钻孔装置升降电机、夹紧汽缸、钻孔模块支架及传感器组成。

钻孔电机用于实现钻孔的模拟动作,是钻孔的执行机构,它安装在钻孔导向装置上。钻孔导向装置在升降电机的驱动下,沿固定支架上下移动,带动钻孔电机的上升和下降。在钻孔升降装置的两端均安装有磁感应接近开关,用于判断装置升降的两个极限位置。

夹紧汽缸用于对工件钻孔时夹紧工件,使钻孔安全可靠。因此,工件钻孔前必须先夹紧工件,钻孔完成待钻头移走后,夹紧汽缸才能松开工件。为了能准确判定工件是否夹紧,在夹紧汽缸上安装有磁感应接近开关,用于判断汽缸的运动位置来确定工件是否被夹紧。

4. 电气分支

在旋转工作台 4 号工位的位置,电气分支用于将完成钻孔加工的工件输出到下一工作单元。电气分支由直流电机驱动,没有安装传感器,只要工作台每转动一次,拨叉就在驱动电机的驱动下拨动一次,将放置在工位 4 上的工件拨走,输送到下一工作单元。

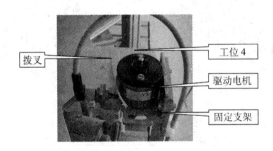

图 8.5　电气分支

5. 继电器

继电器的安装位置参照图 8.1,继电器外观如图 8.6 所示。本单元共使用了 5 个继电器 K1、K2、K3、K4 和 K5,分别用于控制钻孔电机、工作台旋转电机、钻孔装置上升电机和下降电机以及电气分支电机。

8.2　加工单元的安装

8.2.1　安装步骤

加工单元的所有模块(或组件)均安装在铝合金板上。安装的步骤如图 8.7 所示,具体步骤如下。

图 8.6　继电器

(1)在铝合金板上安装走线槽、盖板和导轨,如图 8.7(a)所示。

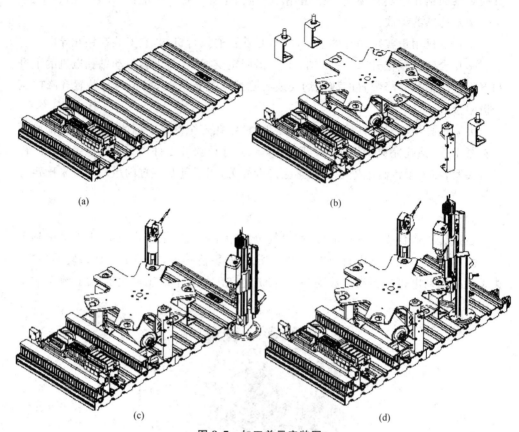

图 8.7　加工单元安装图

(a)步骤一；(b)步骤二；(c)步骤三；(d)结果

(2)在导轨上依次安装 I/O 接线端子和继电器,如图 8.7(a)所示。

(3)安装旋转工作台模块、漫反射式光电传感器和电气分支,如图 8.7(b)所示。

(4)安装检测模块,然后安装钻孔模块,如图 8.7(c)所示。

(5)图 8.7(d)为安装完成后的示意图,最后进行电气布线。

8.2.2　安装、使用注意事项

使用加工单元进行训练或实训时,要求学生遵守安全操作规程,避免造成不必要的设备损坏和人员伤害。在使用设备时应注意下列各项安全指标。

1. 常规安全指标

(1)实训者在教师的监督下,只能在一个工作位置。

(2)在观察信号时,要注意安全提示。

2. 电气安全指标

(1)当电源开关关断时,方能进行导线连接。

(2)只能采用不大于 24 V 的外接直流电压。

3. 机械安全指标

(1)加工单元的所有组成部分,必须全部安装在铝合金板上。

(2)不能人为设置障碍限制设备的正常运行。

8.3 加工单元 PLC 控制

本章以加工单元 PLC 控制为例,继续介绍 PLC 的编程方法与技巧。仍然采用学做一体的方式。

技 能 训 练 35

任务 确定加工单元 PLC I/O 端子

任务要求

(1)知道传感器在检测单元中应用。

(2)正确使用数字仿真盒。

(3)确定检测单元 PLC 的 I/O 接线端子数量和类型。

做什么

(1)观察加工单元各组成部分的作用。

(2)观察控制信号与汽缸动作之间的关系。

(3)确定 PLC 的 I/O 端子地址。利用数字仿真盒,逐一驱动各执行机构动作,观察并记录各执行机构的动作特征、控制阀的种类、在 PLC 输出端口的地址。同时观察传感器安装位置、动作及其信号变化。查明各传感器在 PLC 的接口地址,并记录。

(4)记录数据。将加工单元执行机构动作情况、PLC 的 I/O 接口信号、地址进行整理。

自己设计表格实训数据。表格内容包括:输入输出设备符号、用途,各信号地址、状态及其功能描述等。

成果要求

(1)制作加工单元 PLC I/O 接线端子地址表。可参照检测单元 I/O 端子表格形式。

(2)画出 PLC 的 I/O 端口接线图。

8.3.1 加工单元生产工艺流程

加工单元也有自动(自动循环运行)和手动(手动单周期运行)两种操作方式。

1. 加工单元操作方式

1)手动操作方式

启动条件是各执行机构处于初始位置,且 1 号工位有工件。按下启动按钮,旋转工作台旋转,将工件送到 2 号工位,进行孔深检测;检测后工作台再转动一个工位,将工件送到 3 号工位进行钻孔加工。孔加工完后,工件被送到 4 号工位,由电气分支传到下一工作单元。

手动操作启动前,加工单元必须处于初始位置,才可按动启动按钮;操作过程中,启动按钮和停止按钮对其没有影响;工作完成后,自动停止无需使用停止按钮。

2)自动操作方式

启动条件是各执行机构处于初始位置,且1号工位没有工件。按下启动按钮,加工单元进入待机状态。当1号工位上有工件时,旋转工作台旋转,将工件送到2号工位,进行孔深检测,同时等待1号工位接收新工件。如果1号工位接收到1个新工件,工作台再次旋转,将2号工位的工件送到3号工位进行钻孔加工,1号工位的工件被送到2号工位接收孔深检测。只要1号工位检测有工件,就按"1→2→3→4→下一工作单元"顺序循环运行,直到按下停止按钮。注意,每次工作台旋转定位后,不管4号工位是否有工件,电气分支的拨叉均被驱动,完成拨动动作。

当按下停止按钮,加工单元不再接收新的工件,但是要将加工单元中的工件加工完毕后才停止工作。工件加工完毕是指钻孔、测孔、输送工件过程均完成。停止运行后,各执行机构回到初始状态。

2. 初始位置(状态)

不管是手动还是自动操作方式,在考虑安全和可靠性基础上,加工单元启动前必须置于初始状态。对于自动操作方式下的初始位置如下。

(1)钻孔模块位于上端。

(2)旋转工作台定位准确,未驱动。

(3)夹紧电磁铁和检测电磁铁均未通电。

3. 生产工艺流程

自动控制方式的生产工艺流程如图8.8所示,手动方式的生产工艺流程读者可自行设计。

加工单元的在开始工作时,首先检查该站是否曾经被复位,如果该站未曾复位过,则先进行复位。当旋转工作台上1号工位有工件时,则工作台旋转并进行定位,传送待加工工件;当2号工位有工件时,启动检测程序;当3号工位有工件时,启动钻孔程序,进行钻孔加工工作。只要在工作台旋转定位后,就驱动电气拨叉传送工件到下一工作单元。检测、加工和拨送工件是在工作台旋转定位后根据条件同时工作的,而且在三种工作均完成后,1号工位又有工件时进行下一工作循环。

8.3.2　加工单元 PLC 控制程序设计

加工单元的工作台的有6个工位中,虽然实际参与工作的只有4个工位,但是工作过程还是比较复杂。这是因为设备在连续工作时,各个工位的执行机构要连续工作,而且,各个工位的执行机构还要按照一定的节拍配合,如检测和钻孔是在工作台旋转之后同时进入工作状态,二者工作均结束时才进入后续工作。所以,加工单元是典型的并行分支的顺序控制。

程序设计时,还是先确定程序的结构,然后选择合适的程序设计方法。

对于并行分支的顺序控制,我们可以优先选择顺序功能图设计方法。

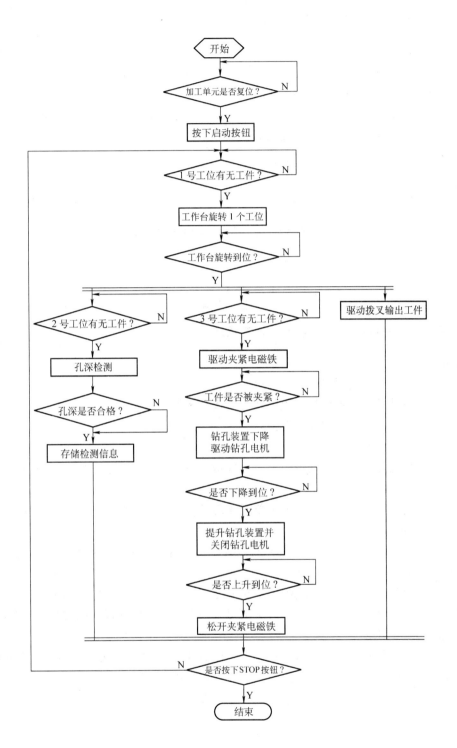

图 8.8　加工单元的生产工艺流程

技 能 训 练 36

任务　设计加工单元自动模式控制程序流程

做什么

（1）分析加工单元的控制任务。仔细观察加工单元的工作过程，了解执行机构与控制信号之间的关系。

（2）确定控制程序结构。加工单元是典型的顺序控制系统，采用模块化程序结构，对实现不同控制功能的子程序进行分工。

（3）设计控制程序流程。参照加工单元生产工艺流程及控制任务要求，设计自动模式控制程序流程。

结果

（1）提交加工单元程序结构以及子程序实现功能要求。

（2）完成加工单元控制程序流程图。

技 能 训 练 37

任务　设计并调试加工单元 PLC 控制程序

任务要求

（1）能够熟练使用 STEP7 软件包。

（2）设计的加工单元控制程序能够实现基本控制功能。

（3）具备实际调试程序的能力。

做什么

（1）创建加工单元控制程序项目。完成硬件配置，编制符号表，插入相应程序块。

（2）确定控制程序结构。加工单元采用模块化程序结构，对实现不同控制功能的子程序进行分工。

（3）设计顺序功能图。加工单元是典型的顺序控制系统，选择顺序功能图类型，画出加工单元的顺序功能图。

（4）设计控制程序。完成加工单元控制程序的设计。自动控制程序用 S7 Graph 语言编写在 FB 中，通过 OB1 调用。停止、急停程序编写在 FC 或 FB 中，仍要通过 OB1 调用。

（5）调试程序。程序编写完成后，先用 S7 PLCSIM 仿真器模拟调试，仿真调试实现功能后，再进行实际运行调试。最后修改和完善程序。

第9章

操作手单元的 PLC 控制

学习目标

1. 熟悉操作手单元的组成和基本功能。
2. 了解传感器在操作手单元中的作用。
3. 掌握 PLC 控制程序设计的方法。

9.1 操作手单元结构与功能剖析

操作手工作单元配置了柔性 2-自由度操作装置,可以将工件直接传输到下一工作单元。图 9.1 所示为操作手单元的结构,主要由 I/O 接线端子、支架、提升装置、PicAlfa 模块、传感器及 CP 阀组等组成。

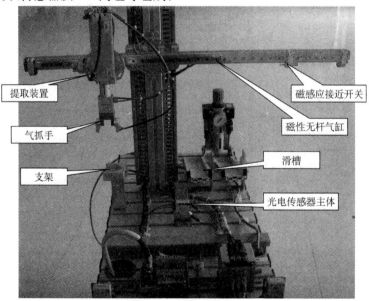

提取装置

气抓手

支架

磁感应接近开关

磁性无杆气缸

滑槽

光电传感器主体

图 9.1 操作手单元

1. 支架

支架用于放置待抓取的工件。漫反射式光电传感器的发射端安装在支架上,传感器的主体位于旁边,如图 9.2 所示。当支架上有工件时,传感器输出信号"0",此信号作为气抓手抓取工件的控制信号之一。

2. 提取装置

提取装置结构如图 9.3 所示。提取装置上的手抓将工件从支架上提起,主要由气抓手、提升汽缸(扁平汽缸)和传感器组成。气抓手上装有光电式传感器,用于区分"黑色"及"非黑色"工件,并根据检测结果将工件放置在不同的滑槽中。

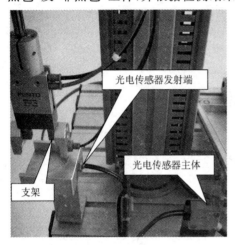

图 9.2　支架　　　　　　　　　　　　图 9.3　提取装置

扁平汽缸是双作用汽缸,用于将气抓手抓取的工件提升和下降。在扁平汽缸的两个极限位置安装有磁性接近开关,可以判断提升装置升降的极限位置。

气抓手抓取工件后,扁平汽缸带动气抓与工件一起沿磁性无杆汽缸移动,上升到位,将工件输送到合适的位置。

3. PicAlfa 模块

PicAlfa 模块完成工件的移动传送。如图 9.4 所示,该模块配置了柔性 2-自由度操作装置,磁性无杆汽缸上装有磁感应式接近开关,实现终端位置检测,具有高度的灵活性,其行程短、倾斜的轴、终端位置传感器的安排及安装位置可调。

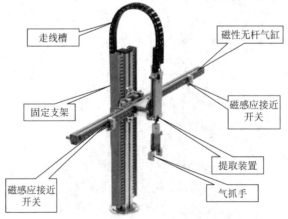

图 9.4　PicAlfa 模块

9.2　操作手单元的安装

9.2.1　安装步骤

操作手单元的所有模块(或组件)均安装在铝合金板上。安装的步骤如图 9.5 所示,具体步骤如下。

(1)在铝合金板上安装走线槽、盖板和导轨,如图 9.5(a)所示。

(2)在导轨上依次安装 I/O 接线端子、CP 阀组和传感器主体,如图 9.5(b)所示。

(3)安装支架和滑槽模块如图 9.5(c)所示。

(4)安装 PicAlfa 模块,然后安装气源处理组件,如图 9.5(d)所示。

(5)最后进行电气布线和气动回路管路连接。

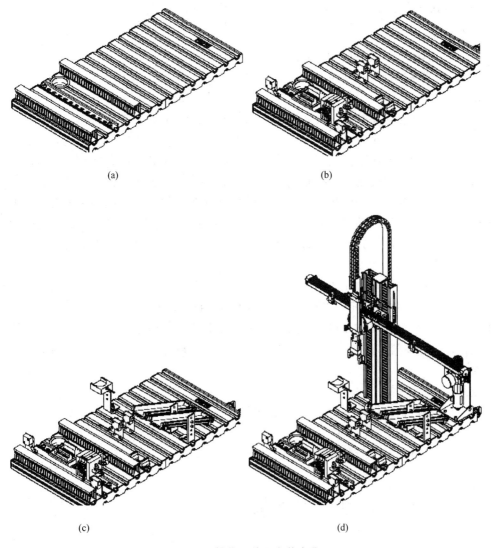

(a)　　　　　　　　　　　　　　　(b)

(c)　　　　　　　　　　　　　　　(d)

图 9.5　操作手单元安装步骤

(a)步骤一　(b)步骤二　(c)步骤三　(d)步骤四

9.2.2 安装、使用注意事项

使用操作手单元进行训练或实训时,要求学生遵守安全操作规程,避免造成不必要的设备损坏和人员伤害。在使用设备时应注意下列各项安全指标,安全指标同前,此处略。

9.3 操作手单元气动控制回路

操作手单元的气动控制回路比较简单,3 个单电控电磁阀分别用于控制两个导向汽缸和一个挡料汽缸。本章仍以实训方式由学生自己完成气动控制回路的设计。

技 能 训 练 38
任务 操作手单元气动控制回路设计、安装与调试
任务要求 (1)掌握气动回路的设计方法。 (2)能够进行气动回路的安装和调试。 **做什么** (1)观察操作手单元的气动系统。观察气动系统组成,各执行机构的驱动对象和动作方式,并记录下来。 (2)查明控制阀的控制信号。分别用手控信号或数字仿真盒控制各方向控制阀,观察各执行机构动作与控制阀之间的关系;判断控制阀的控制信号类型。 (3)观察执行机构的状态。观察执行机构的动作特征,执行机构主要有 3 种不同的状态:执行机构动作前的常态;动作过程中去除控制信号的状态;执行机构动作完成后去掉控制信号的状态。将它们一一记录下来,为设计气动控制回路和控制程序做准备。 (4)画出操作手单元的气动控制回路。根据前面观察和记录的结果,用气动绘图软件画出操作手单元的气动控制回路,然后进行仿真调试。 (5)安装气动控制回路。根据设计的气动控制回路,安装操作手单元的气动控制回路。注意气口连接时,气源处于关闭状态。安装完毕后,通气、通电调试气动控制回路。 **成果** (1)提供执行机构驱动对象、电磁阀信号清单的书面报告。 (2)画出气动控制回路图。 (3)分析出现的问题及解决方法。

9.4 操作手单元 PLC 控制

操作手单元可以将工件直接传送到下一工作单元,是典型的离散加工系统,只用到数学量输入与输出。

9.4.1 操作手单元 PLC 输入/输出接口地址

技 能 训 练 39

任务 确定操作手单元 PLC 的 I/O 端子

任务要求

(1)熟悉传感器在操作手单元中的应用。

(2)正确使用数字仿真盒。

(3)确定操作手单元 PLC 的 I/O 接线端子数量和类型。

做什么

(1)观察操作手单元各组成部分的作用。

(2)观察控制信号与汽缸动作之间的关系。

(3)确定 PLC 的 I/O 端子地址。利用数字仿真盒,逐一驱动各执行机构动作,观察并记录各执行机构的动作特征、控制阀的种类以及在 PLC 输出端口的地址。同时观察传感器安装位置、动作及其信号变化。查明各传感器在 PLC 的接口地址,并记录。

(4)记录数据。将操作手单元执行机构动作情况、PLC 的 I/O 接口信号和地址进行整理。自己设计表格记录实训数据。表格内容包括:输入/输出设备符号、用途、各信号地址、状态及其功能描述等。

成果

(1)制作 PLC 的 I/O 接线端子地址表。

(2)画出 PLC 的 I/O 端口接线图。

操作手单元部分 PLC 输入/输出接口地址见表 9.1,还有一些输入/输出接口地址,如启动按钮、停止按钮、启动指示灯和复位指示灯等,要求读者自己整理出来。

表 9.1 操作手单元 PLC 输入/输出接口地址表

接口类型	Symbol	Address	Data type	Comment
输入	B4	I0.0	BOOL	支架上光电传感器,无工件为"1"
	1B1	I0.1	BOOL	磁性位置开关,操作手在加工单元位置,信号"1"有效
	1B2	I0.2	BOOL	磁性位置开关,操作手在成品分装单元位置,信号"1"有效
	2B1	I0.3	BOOL	磁性开关,气抓手已伸出,信号"1"有效
	2B2	I0.4	BOOL	磁性开关,气抓手已缩回,信号"1"有效
	3B1	I0.5	BOOL	检测为非黑色,信号"1"有效
输出	1Y1	Q0.0	BOOL	驱动操作手向加工单元移动

9.4.2 操作手单元生产工艺流程

在 MPS 中操作手的任务是将工件从加工单元中取走,然后将合格产品工件放置成品分装单元,不合格产品从本单元中剔除。操作手单元的手动和自动操作方式生产工艺流程基本相同,下面仅介绍自动控制生产工艺流程。

1. 操作手单元自动控制任务

操作手单元在自动控制模式下,启动前,首先检测设备是否曾经复位过,如果未复位则进行复位操作,使各执行机构处于初始状态;如果已经复位过,按下启动按钮后,设备便被启动运行。如果支架上有工件,气抓手下降,并打开气抓手抓取工件,同时对工件颜色识别,储存识别结果。然后气抓手上升,上升到位后驱动操作手移动。移动到位后,气抓手下降,打开气抓手,释放工件;然后,气抓手上升,(左移)移动到初始位置。此时,一个工作循环结束,若支架上又有工件,重复上述过程。如果是合格工件,操作手移动到成品分装单元,进行分装;否则移动到本站滑槽处,被剔除。

2. 操作手单元初始位置

操作手单元的初始位置如下:①操作手在加工单元处;②气抓手关闭;③气抓手位于上端。

3. 操作手单元的生产工艺流程

操作手单元的自动控制模式生产工艺流程如图9.6所示。图示工艺流程仅供参考,如有兴趣可以重新设计工艺流程。

9.4.3　操作手单元程序设计

操作手单元是典型的顺序控制系统,采用顺序功能图编程是优先选择的控制方案。在编程时可以将自动连续控制程序编写在 FC 或 FB 中,通过 OB1 主程序的调用实现控制。

技 能 训 练 40

任务　用顺序功能图设计操作手单元控制程序

任务要求

(1)掌握顺序功能图的设计方法。

(2)进一步熟悉 STEP7 软件包的操作,掌握程序编辑器的使用。

(3)掌握程序调试的方法。

(4)培养严谨踏实的工作作风,培养分析、解决问题及与他人合作的能力。

做什么

(1)新建模块化操作手单元 PLC 控制程序项目。在 STEP7 管理器中创建一个新项目,插入 S7—300 PLC 的站,完成硬件配置,编制符号表。

(2)设计程序流程图与顺序功能图。在设计程序之前,参照操作手单元的生产工艺流程,设计程序流程图和顺序功能图。

(3)在 FB 中设计顺序控制程序。用 S7 – Graph 语言完成操作手单元控制程序的编写。

(4)程序调试。将设计的程序先进行仿真调试,程序调试无误后,再下载到 CPU 中进行实际运行调试。经过调试修改以后,最终完善控制程序,实现控制功能。

结果

(1)提交操作手单元顺序功能图。

(2)完成操作手单元控制程序。

方法与建议

(1)调试程序时,避免执行机构之间发生冲突。

(2)程序调试时可以控制功能分段进行,然后再调试整个程序。

(3)只有经过仿真调试后且没有错误的程序,才可以进行实际运行调试。

(4)在调试程序时,可以利用 STEP7 软件所带的调试工具,通过监视程序的运行状态并结合观察到的执行机构的动作特征,来分析程序存在的问题。

(5)总结在程序调试过程中出现的问题及解决的方法。

技 能 训 练 41

任务　用置位/复位指令设计操作手单元控制程序

任务要求

(1)掌握置位/复位指令的设计方法。

(2)进一步熟悉 STEP7 软件包的操作,掌握程序编辑器的使用。

(3)掌握程序调试的方法。

(4)培养严谨踏实的工作作风,分析、解决问题及与他人合作的的能力。

做什么

(1)新建操作手单元 PLC 控制程序项目。在 STEP7 管理器中创建一个新项目,插入 S7—300 PLC 的站,完成硬件配置,编制符号表。

(2)在 FB 中设计顺序控制程序。参照上一个技能训练设计的顺序功能图,用置位/复位指令完成操作手单元控制程序的编写。

(3)程序调试。将设计的程序先进行仿真调试,程序调试无误后,再下载到 CPU 中进行实际运行调试。经过调试修改以后,最终完善控制程序,实现控制功能。

结果

完成操作手单元置位/复位控制程序。

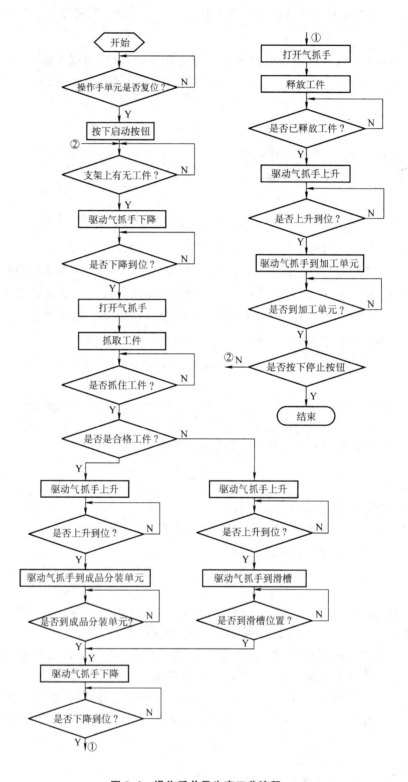

图 9.6 操作手单元生产工艺流程

第 10 章

成品分装单元的 PLC 控制

学习目标
1. 熟悉成品分装单元的组成和基本功能。
2. 了解传感器在成品分装单元中的作用。
3. 掌握 PLC 控制程序设计的方法。

10.1 成品分装单元的结构与功能剖析

成品分装单元对加工后的工件按照材质和颜色进行分拣,将它们分别放置在 3 个不同的滑槽上。成品分装单元的结构如图 10.1 所示,主要由工料检测模块、滑槽模块、传送模块、气源处理模块、I/O 接线端子和 CP 阀组等组成。

1. 工料检测模块

工料检测模块用于识别工件的材质和颜色。该模块结构组成如图 10.2 所示,由阻挡汽缸、漫反射式光电传感器、电感式传感器及光电传感器组成。

漫反射式传感器位于传送带的起始位置,当工件被放置在传送带的起始位置时,首先受到漫反射式传感器的检测。此时,传感器的光线被遮挡后返回,就输出信号"1"。所以,漫反射式传感器用于检测传送带有无工件传送。

电感式传感器和光电传感器用于检测工件的颜色和材质。电感式传感器在有金属物质接近时就动作,输出信号"1";光电传感器对于接近它的物体反射回的光线达到一定程度时动作,可以用于识别非黑色物体。所以,这 3 个传感器单独使用时,无法达到检测的目的;当它们联合检测工件时,就可以实现工件和材质的识别。表 10.1 为传感器检测信号的真值表。

阻挡汽缸为短行程汽缸,当传送带上的工件接收检测时,将其停住。在完成检测后,将其分装到三根不同的滑槽上。

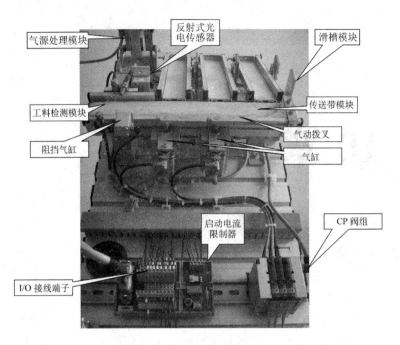

图 10.1　成品分装工作单元

图 10.2　工料检测模块

表 10.1　传感器检测信号真值表

传感器	材质及颜色		
	金属、银白色	非金属、红色	非金属、黑色
漫反射式光电传感器	1	1	1
光电传感器	1	1	0
电感式传感器	1	0	0

2. 传送模块

传送模块实现对工件的分拣,主要由传送带模块、导向摸块和滑槽模块组成。

1)传送带模块

传送带模块结构如图 10.3 所示,主要由传送带、直流电机及涡轮蜗杆减速器组成。24 V 直流电机通过涡轮蜗杆减速器减速后驱动传送带。

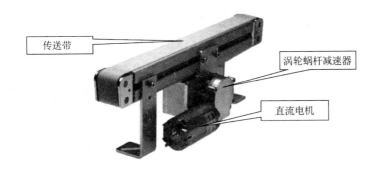

图 10.3　传送带模块

2) 导向模块

导向模块的作用是将被识别出颜色和材质的工件,按照需要导入相应滑槽。导向模块的结构如图 10.4 所示,由拨叉、导向汽缸及传动机构组成。传送带的始端和中端有两个气控的拨叉,终端有一个固定的拨叉,负责将 3 种不同颜色和材质的工件分别送入相应的滑槽中。

图 10.4　导向模块

3) 滑槽模块

滑槽模块组成如图 10.5 所示,由 3 根滑槽和一个对射式光电传感器组成。黑色工件送入第一个滑槽,红色工件送入第二个滑槽,金属工件送入第三个滑槽。光电传感器用于判断传送带上的工件是否滑入滑槽,只要任一滑槽中有工件滑入,就会阻挡光线从发射端到达接收端,传感器输出信号就要复位,用此信号控制传送带停止工作。

图 10.5　滑槽模块

10.2　成品分装单元的安装

10.2.1　安装步骤

　　成品分装单元的所有模块(或组件)均安装在铝合金板上,安装的步骤如图 10.6 所示,具体步骤如下。

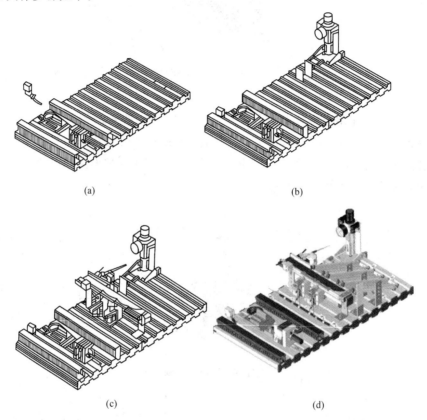

(a)　　　　　　　　　　　　　　(b)

(c)　　　　　　　　　　　　　　(d)

图 10.6　分拣单元安装过程

　　(1)在铝合金板上安装走线槽、盖板和导轨,如图 10.6(a)所示。

　　(2)在导轨上依次安装 I/O 接线端子、CP 阀组和传感器主体,如图 10.6(a)所示。

　　(3)安装气源处理组件,如图 10.6(b)所示。

　　(4)安装传送带模块(传感器、皮带、导向模块等),如图 10.6(c)所示。

　　(5)安装滑槽模块和反射镜,如图 10.6(d)所示。

　　(6)最后进行电气布线和气动回路管路连接。

10.2.2　安装、使用注意事项

　　在进行成品分装单元训练或实训时,要求学生遵守安全操作规程,避免造成不必要的设备损坏和人员伤害。在使用设备时应注意下列各项安全指标。

　　1. 常规安全指标

　　(1)实训者在教师的监督下,只能在一个工作位置。

　　(2)在观察信号时,要注意安全提示。

2. 电气安全指标

(1)当电源开关关断时,方能进行导线连接。

(2)只能采用不大于 24 V 的外接直流电压。

3. 气动安全指标

(1)气源工作压力最大为 8 bar。

(2)当建立且固定所有的管路连接后,才能接通气源。

(3)在气源压力作用下,不能直接分离管路。

4. 机械安全指标

(1)成品分装单元的所有组成部分,必须全部安装在铝合金板上。

(2)不能人为设置障碍限制设备的正常运行。

10.3　成品分装单元气动控制回路

成品分装单元的气动控制回路比较简单,3 个单控电磁阀分别用于控制 2 个导向汽缸和 1 个挡料汽缸。要求由学生自己完成气动控制回路的设计。

技 能 训 练 42

任务　成品分装单元气动控制回路设计与安装

任务要求

(1)掌握成品分装单元气动回路的设计方法。

(2)能够进行气动回路的安装、调试。

做什么

(1)观察成品分装单元的气动系统结构。观察气动系统组成、各执行机构的驱动对象和动作方式,记录下来。

(2)查明控制阀的控制信号。分别用手控信号或数字仿真盒控制各方向控制阀,观察各执行机构动作与控制阀之间的关系;判断控制阀的控制信号类型。

(3)执行机构的状态。

观察执行机构的动作特征,执行机构主要有 3 种不同的状态:执行机构动作前的常态,动作过程中去除控制信号的状态,执行机构动作完成后去掉控制信号的状态。将它们一一记录下来,为设计气动控制回路和控制程序做准备。

(4)画出成品分装单元的气动控制回路。根据前面观察和记录的结果,用气动绘图软件画出成品分装单元的气动控制回路;然后进行仿真调试。

(5)安装气动控制回路。根据设计的气动控制回路,安装成品分装单元的气动控制回路。注意气口连接时,气源处于关闭状态。安装完毕后,通气、通电调试气动控制回路。

成果

(1)提供执行机构驱动对象、电磁阀信号清单的书面报告。

(2)画出气动控制回路图。

(3)分析出现的问题及解决方法。

10.4 成品分装单元 PLC 控制

成品分装单元仿真分类站有如下功能,不同的工件在传送带上依次向前,能够检测工件的有无,也能通过颜色区分不同的工件并进行分类。

10.4.1 成品分装单元 PLC 输入/输出接口地址

技 能 训 练 43

任务　确定成品分装单元 PLC 的 I/O 端子

任务要求

(1)知道传感器在成品分装单元中的应用。

(2)正确使用数字仿真盒。

(3)确定成品分装单元 PLC 的 I/O 接线端了数量和类型 。

做什么

(1)观察成品分装单元各组成部分的作用。

(2) 观察控制信号与汽缸动作之间的关系。

(3)确定 PLC 的 I/O 端子地址。利用数字仿真盒,逐一驱动各执行机构动作,观察并记录各执行机构的动作特征、控制阀的种类、在 PLC 输出端口的地址。同时观察传感器安装位置、动作及其信号变化。查明各传感器在 PLC 的接口地址,并记录。

(4)记录数据。将成品分装单元执行机构动作情况、PLC 的 I/O 接口信号、地址进行整理。自己设计表格记录实训数据。表格内容包括:输入/输出设备符号、用途,各信号地址、状态及其功能描述等。

成果

(1)制作 PLC 的 I/O 接线端子地址表。

(2)画出 PLC 的 I/O 端口接线图。

注意事项

(1)观察成品分装单元结构时,不要用力拽拉导线和气管;不要随便拆卸元器件及其他装置。

(2)当 PLC 处于 RUN 或 RUN－P 操作模式时,禁止手动方式操作电磁阀。

(3)使用数字仿真盒驱动执行机构时,禁止同时驱动两个以上的执行机构动作,以免它们相碰撞,损坏设备。

(4)气动执行机构在接通气源时,禁止用手直接扳动气动元件。

参考答案

成品分装单元部分 PLC 输入/输出接口地址见表 10.1,还有一些输入/输出接口地址,如启动按钮、停止按钮、启动指示灯、复位指示灯等,要求同学自己整理出来。

表 10.1　成品分装单元 PLC 输入/输出接口地址表

接口类型	Symbol	Address	Data type	Comment
输入	B1	I0.0	BOOL	传送带入口对射式传感器,无工件为"1"
	B2	I0.1	BOOL	电感式传感器,材质检测,金属为"1",非金属为"0"
	B3	I0.2	BOOL	光电传感器颜色检验,是否为非黑色,黑色为"0"
	B4	I0.3	BOOL	对射式光电传感器,检测工件是否滑入滑槽,滑入为"0"
	1B1	I0.4	BOOL	导向拨叉 1 已缩回(未拨工件)
	1B2	I0.5	BOOL	导向拨叉 1 已伸出(拨工件)
	2B1	I0.6	BOOL	导向拨叉 2 已缩回(未拨工件)
	2B2	I0.7	BOOL	导向拨叉 2 已伸出(拨工件)
输出	K1	Q0.0	BOOL	驱动皮带电机,转动为"1"
	1Y1	Q0.1	BOOL	驱动导向拨叉"1",引导黑色工件滑入第 1 个滑槽
	2Y1	Q0.2	BOOL	驱动导向拨叉"1",引导红色工件滑入第 2 个滑槽
	3Y1	Q0.3	BOOL	挡料汽缸杆缩回

10.4.2　成品分装单元生产工艺流程

成品分装单元的手动控制生产工艺流程不再介绍,下面是自动控制生产工艺流程。

1. 成品分装单元自动控制任务

成品分装单元在自动控制模式下,启动前,首先检测设备是否曾经复位过,如果未复位则进行复位操作,使各执行机构处于初始状态;如果已经复位过,按下启动按钮后,设备便被启动运行。当有工件放到传送带的入口时,传送带开动,工件被送到检测模块部分接受颜色和材质检测,检测结束缩回挡料汽缸杆。如果是黑色工件,驱动导向汽缸 1 的拨叉,将工件送入第 1 个滑槽;红色工件驱动导向汽缸 2 拨叉动作,将工件送入第 2 个滑槽;金属工件直接送入第 3 个滑槽。只要有工件落入滑槽,传送带则停止运行,一个工作循环结束。当继续向传送带放置工件时,按照上述过程重新循环运行,直至按下停止按钮。

2. 成品分装单元初始位置

成品分装单元的初始位置如下:①传送带处于停止状态;②阻挡汽缸杆处于伸出状态;③导向汽缸 1 处于缩回状态;④导向汽缸 2 处于缩回状态。

3. 成品分装单元的生产工艺流程

成品分装单元的自动控制模式生产工艺流程如图 10.7 所示。给出的工艺流程仅供大家参考,如有兴趣可以重新设计工艺流程。

10.4.3　成品分装单元程序设计

成品分装单元的控制比较简单,控制程序既可以采用线性编程也可以采取模块化编程,大家都可以自己试一试。

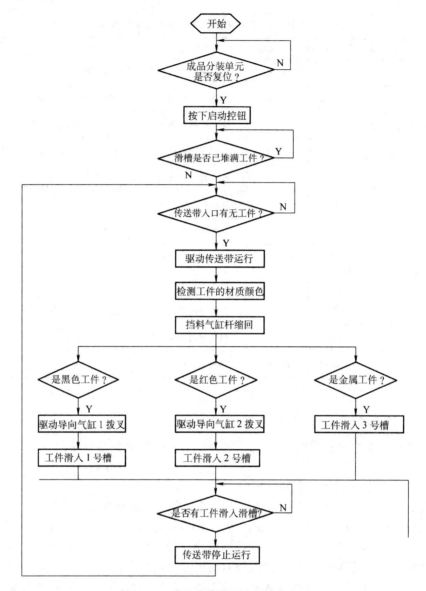

图 10.7　成品分装单元生产工艺流程

技 能 训 练 44

任务　用线性化编程方法设计成品分装单元程序

任务要求

　　(1)掌握线性化编程的方法。

　　(2)进一步熟悉 STEP7 软件包的操作,掌握程序编辑器的使用。

　　(3)掌握程序调试的方法。

　　(4)培养严谨踏实的工作作风,分析、解决问题及与他人合作的能力。

做什么

　　(1)新建线性化编程的成品分装单元 PLC 控制程序项目。在 STEP7 管理器中创建一个新项目,插入 S7—300 PLC 的站,完成硬件配置,编制符号表。

（2）设计程序流程图。在设计程序之前，参照成品分装单元的生产工艺流程，设计程序流程图。

（3）在 OB1 中设计控制程序。参照程序流程图，用 LAD、FBD 或 STL 语言设计成品分装单元控制程序。

（4）程序调试。将所编的程序先进行仿真调试，仿真调试的程序无误后，再下载到 CPU 中进行实际运行调试。经过调试修改以后，最终完善控制程序，实现控制功能。

结果

（1）创建新项目。

（2）完成成品分装单元控制程序。

（3）问题分析。

方法与建议

（1）调试程序时，避免执行机构之间发生冲突。

（2）程序调试时，可以控制功能分段进行，然后再调试整个程序。

（3）只有经过仿真调试后且没有错误的程序，才可以进行实际运行调试。

（4）在调试程序时，可以利用 STEP7 软件所带的调试工具，通过监视程序的运行状态并结合观察到的执行机构的动作特征，来分析程序存在的问题。

（5）总结在程序调试过程中出现的问题及解决的方法。

技 能 训 练 45

任务　用模块化编程方法设计成品分装单元程序

任务要求

（1）掌握模块化编程的方法。

（2）进一步熟悉 STEP7 软件包的操作，掌握程序编辑器的使用。

（3）掌握程序调试的方法。

（4）培养严谨踏实的工作作风，分析、解决问题及与他人合作的的能力。

做什么

（1）新建模块化编程的成品分装单元 PLC 控制程序项目。在 STEP7 管理器中创建一个新项目，完成硬件配置，插入相应的程序块，编制符号表。

（2）设计程序流程图。在设计程序之前，参照成品分装单元的生产工艺流程，设计程序流程图。

（3）绘制顺序功能图。成品分装单元各个执行机构也按一定的顺序进行运行，依据程序流程图可以方便地画出成品分装单元的顺序功能图。将顺序功能图用 S7 Graph 语言编写在 FC 或 FB 中。

（4）OB1 主程序设计。参照程序流程图，在主程序 OB1 中有条件调用顺序控制程序。在 OB1 中无条件调用停止、急停程序。

（4）急停、停止程序设计。急停和停止程序仿照前面其他工作单元的设计思路和方法。

（5）调试程序。将所编的程序先进行仿真调试，仿真调试无误后，再下载到CPU中进行实际运行调试。经过调试修改以后，最终完善控制程序，实现控制功能。

结果

（1）创建新项目。

（2）完成顺序功能图。

（3）完成成品分装单元控制程序。

（4）问题分析。

第 11 章

工作单元的组合控制

学习目标

1. 掌握 PLC 实现通信的方法。
2. 掌握 MPS 系统 PLC 控制程序设计的方法。

前面章节重点讲解了 MPS 各工作单元独立工作的 PLC 控制系统。对于 1 台 PLC 控制 1 台设备的控制系统,信号的传输比较方便,控制功能容易实现。当 2 台及 2 台以上的设备联机控制时,就会涉及 PLC 之间的数据传递问题。通常实现的方法有多种:点对点接口数据通信、MPI 多点接口数据通信、现场总线方式、工业以太网及 I/O 接口直接传输等。

5 站的 MPS 系统需要在工作单元之间传递的数据很简单,而且每个工作单元都备有 1 台 PLC,PLC 的 I/O 端口也有冗余,因此,MPS 系统利用 PROFIBUS 总线技术,并通过 I/O 接口实现信号传输。

11.1 西门子 PLC 网络

西门子 PLC 网络结构示意如图 11.1 所示。

为了满足在单元层(时间要求不严格)和现场层(时间要求严格)的不同要求,SIEMENS 提供了 MPI、PROFIBUS DP、PROFINET、PtP、ASI 等多种通信协议。

(1)MPI 网络。此网络可用于单元层,它是 SIMATIC S7 和 C7 的多点通信接口。MPI 本质上是一个 PG 接口,它被设计用来连接 PG(为了启动和测试)和 OP(人-机接口)。MPI 网络只能用于连接少量的 CPU。

(2)工业以太网(Industrial Ethernet)。工业以太网是一个开放的用于工厂管理和单元层的通信系统。工业以太网被设计为对时间要求不严格,用于传输大量数据的通信系统,可以通过网关设备来连接远程网络。

(3)PROFIBUS(工业现场总线)。工业现场总线是开放的用于单元层和现场层

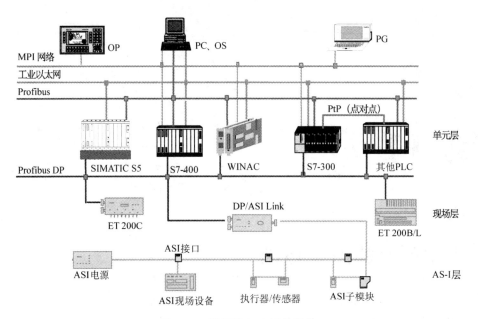

图 11. 1 西门子 PLC 网络结构

的通信系统。有两个版本：对时间要求不严格的 PROFIBUS PA，用于连接单元层上对等的智能节点；对时间要求严格的 PROFIBUS DP，用于智能主机和现场设备间的循环的数据交换。

（4）PtP(Point－to－Point connections)点到点连接。PtP 通常用于对时间要求不严格的数据交换，可以连接两个站或 OP、打印机、条码扫描器、磁卡阅读机等。

（5）ASI(Actuator－Sensor－Interface)执行器－传感器－接口。ASI 是位于自动控制系统最底层的网络，可以将二进制传感器和执行器连接到网络上。

11. 1. 1 PROFIBUS 总线技术

PROFIBUS 是 Process Fieldbus 的缩写，是一种国际化、开放式的现场总线标准，是全球范围内唯一能够以标准方式应用于包括制造业、流程业及混合自动化领域并贯穿整个工艺过程的单一现场总线技术。它以其独特的技术特点、严格的认证规范、开放的标准、众多厂商的支持和不断发展的应用行规，已成为最重要的现场总线标准。

PROFIBUS 是一种用于工厂自动化车间级监控和现场设备层数据通信与控制的现场总线技术。可实现现场设备层到车间级监控的分散式数字控制和现场通信网络，从而为实现工厂综合自动化和现场设备智能化提供了可行的解决方案。

1. PROFIBUS 的组成

PROFIBUS 根据应用特点可分为 PROFIBUS DP、PROFIBUS FMS 和 PROFI-BUS PA 3 个兼容版本。

1)PROFIBUS DP(Decentralized Periphery,分布式外部设备)

PROFIBUS DP 是一种高速低成本通信，用于自动化系统中单元级控制设备与分布式 I/O(例如 ET 200)的通信。使用 PROFIBUS DP 可取代 24 V DC 或 4～20 mA 信号传输。主站之间的通信为令牌方式，主站与从站之间为主从轮询方式，以及这两种方式的混合。如图 11.2 所示,典型的 PROFIBUS DP 总线配置是以此种总线存取程序为基础,一个主站轮询多个从站。

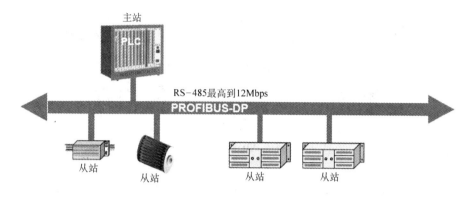

图 11.2 典型的 PROFIBUS DP 系统组成

2）PROFIBUS PA(Process Automation,过程自动化)

PROFIBUS PA 用于过程自动化的现场传感器和执行器的低速数据传输,使用扩展的 PROFIBUS DP 协议。它专为过程自动化设计,可使传感器和执行机构连在一根总线上,并有本征安全规范。传输技术采用 IEC 1158−2 标准,可用于防爆区域的传感器和执行器与中央控制系统的通信。使用屏蔽双绞线电缆,由总线提供电源。典型的 PROFIBUS PA 系统配置如图 11.3 所示。

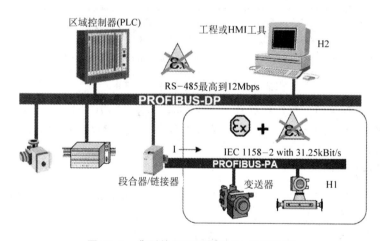

图 11.3 典型的 PROFIBUS PA 系统配置

3）PROFIBUS FMS(Fieldbus Message Specification,现场总线报文规范)

PROFIBUS FMS 可用于车间级监控网络,是一个令牌结构,实时多主网络。FMS 提供大量的通信服务,用以完成中等级传输速度进行的循环和非循环的通信服务。对于 FMS 而言,它考虑的主要是系统功能而不是系统响应时间,应用过程中通常要求的是随机的信息交换,例如改变设定参数。FMS 服务向用户提供了广泛的应用范围和更大的灵活性,通常用于大范围、复杂的通信系统。

如图 11.4 所示,一个典型的 PROFIBUS FMS 系统由各种智能自动化单元组成,如 PC、作为中央控制器的 PLC、作为人机界面的 HMI 等。

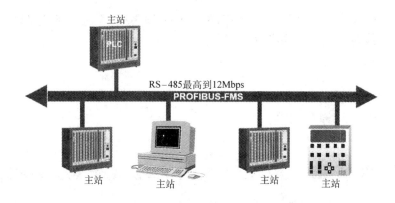

图 11.4 典型的 PROFIBUS FMS 系统配置

2. 传输技术

PROFIBUS 总线符合 EIA RS—485[8]标准,PROFIBUS 使用两端有终端的总线拓扑结构,如图 11.5 所示。这可以保证在运行期间,接入和断开一个或多个站时,不会影响其他站的工作。

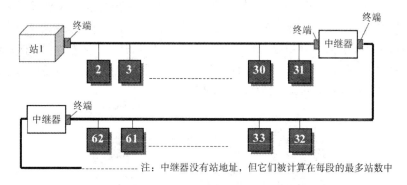

图 11.5 两端有终端的总线拓扑

PROFIBUS 使用 3 种传输技术,PROFIBUS DP 和 PROFIBUS FMS 采用相同的传输技术,可使用 RS—485 屏蔽双绞线电缆传输或光纤传输;PROFIBUS PA 采用 IEC 1158—2 传输技术。

1)RS—485

PROFIBUS RS—485 的传输程序是以半双工、异步、无间隙同步为基础,传输介质可以是屏蔽双绞线或光纤。RS—485 若采用屏蔽双绞线进行电气传输,不用中继器时,每个 RS—485 段最多连接 32 个站;用中继器时,可扩展到 126 个站,传输速度为 9.6 kbps～12 Mbps,电缆的长度为 100～1 200 m。电缆的最大长度与传输速率有关,具体如表 11.1 所列。

表 11.1 传输速率与电缆长度的关系

传输速率/kbps	9.6～93.75	187.5	500	1 500	3 000～12 000
电缆长度/m	1 200	1 000	400	200	100

2)光纤

为了适应强度很高的电磁干扰环境或使用高速远距离传输,PROFIBUS 可使用光纤传输技术。使用光纤传输的 PROFIBUS 总线段可以设计成星形或环形结构。可利用 RS－485 传输链接与光纤传输链接之间的耦合器,实现系统内 RS－485 和光纤传输之间的转换。

3)IEC 1158－2

IEC 1158－2 协议规定,在过程自动化中使用固定速率 31.25 kbps 进行同步传输,它考虑了应用于化工和石化工业时对安全的要求。在此协议下,通过采用具有本质安全和双线供电技术,PROFIBUS 就可以用于危险区域了,IEC 1158－2 传输技术的主要特性见表 11.2。

表 11.2　IEC 1158－2 传输技术的主要特性

服　务	功　　能	PROFIBUS DP	PROFIBUS FMS
SDA	发送数据需应答		√
SRD	发送和请求数据需应答	√	√
SDN	发送数据无应答	√	√
CSRD	循环发送和请求数据需应答		√

3. PROFIBUS 总线连接器

PROFIBUS 总线连接器用于连接 PROFIBUS 站与 PROFIBUS 电缆实现信号传输,一般带有内置的终端电阻。其内部结构如图 11.6 所示。

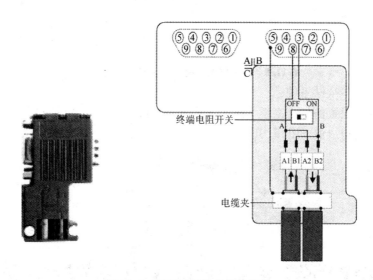

图 11.6　PROFIBUS 总线连接器

4. PROFIBUS 总线系统配置

PROFIBUS 可以实现以下 3 种系统配置。

1)纯主－从系统(单主站)

单主系统可实现最短的总线循环时间。以 PROFIBUS DP 系统为例,一个单主系统由一个 DP－1 类主站和 1 到最多 125 个 DP－从站组成,典型系统如图 11.7 所示。

2)纯主－主系统(多主站)

若干个主站可以用读功能访问 1 个从站。以 PROFIBUS DP 系统为例,多主系

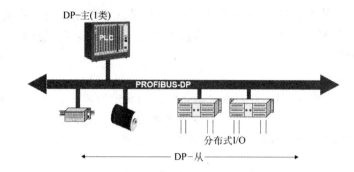

图 11.7　PROFIBUS 纯主—从系统(单主站)

统由多个主设备(1 类或 2 类)和 1 到最多 124 个 DP—从设备组成。典型系统如图 11.8 所示。

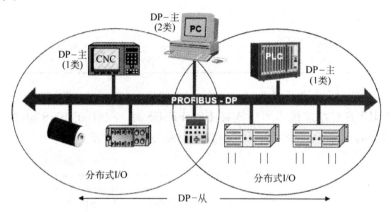

图 11.8　PROFIBUS 纯主—主系统(多主站)

3)多主—多从站系统

以上两种配置的组合系统为多主—多从站系统,如图 11.9 所示是一个由 3 个主站和 7 个从站构成的 PROFIBUS 系统结构的示意图。

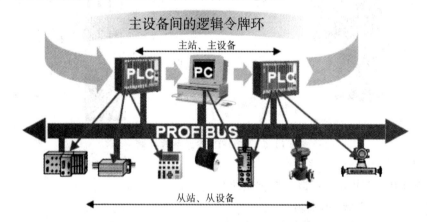

图 11.9　PROFIBUS 多主—多从站系统

由图 11.9 可以看出,3 个主站构成了一个令牌传递的逻辑环,在这个环中,令牌按照系统预先确定的地址顺序从一个主站传递给下一个主站。当一个主站得到了令牌后,它就能在一定的时间间隔内执行该主站的任务,可以按照主—从关系与所有从站通信,也可以按照主—主关系与所有主站通信。

11.1.2　CPU 31x－2DP 之间的 DP 主从通信

CPU 31x－2DP 是指集成有 PROFIBUS DP 接口的 S7—300 CPU,如 CPU 313C－2DP、CPU 315－2DP 等。下面以两个 CPU 315－2DP 之间主从通信为例介绍连接智能从站的组态方法。该方法同样适用于 CPU 31x－2DP 与 CPU 41x－2DP 之间的 PROFIBUS DP 通信连接。

1. PROFIBUS DP 系统结构

PROFIBUS DP 系统结构如图 11.10 所示。系统由 1 个 DP 主站和 1 个智能 DP 从站构成。

(1)DP 主站:由 CPU 315－2DP(6ES7 315－2AG10－0AB0)和 SM374 构成。

(2)DP 从站:由 CPU 315－2DP(6ES7 315－2AG10－0AB0)和 SM374 构成。

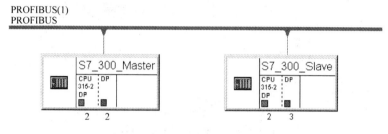

图 11.10　PROFIBUS DP 系统结构

2. 组态智能从站

在对两个 CPU 主－从通信组态配置时,原则上要先组态从站,步骤如下。

(1)新建 S7 项目。打开 SIMATIC Manage,执行菜单命令【File】→【New...】,创建一个项目。然后执行菜单命令【Insert】→【Station】→【SIMATIC 300 Station】,插入 2 个 S7—300 站,分别命名为 S7_300_Master 和 S7_300_Slave,如图 11.11 所示。

图 11.11　创建 S7－300 主从站

(2)硬件组态。在 SIMATIC Manager 窗口内,单击 S7_300_Slave 图标,然后在右视窗内双击 Hardware 图标,进入硬件组态窗口。在工具栏内单击 工具打开硬件目录,如图 11.12 所示,按硬件安装次序依次插入机架、电源、CPU 和 SM374(需用其他信号模块代替,如 SM323 DI8/DO8 24VDC 0.5A)等完成硬件组态。

S..		Module	Order number	F..	M..	I..	Q..	Comment
1		PS 307 5A	6ES7 307-1EA00-0AA0					
2		CPU 315-2 DP	6ES7 315-2AG10-0AB0	V2.0	2			
X2		DP				2047*		
3								
4		DI8/DO8x24V/0.5A	6ES7 323-1BH00-0AA0			0	0	
5								

图 11.12　硬件组态

插入 CPU 时会同时弹出 PROFIBUS 接口组态窗口。也可以插入 CPU 后,双击 DP 插槽,打开 DP 属性窗口,单击 Properties... 按钮进入 PROFIBUS 接口组态窗口。单击 New... 按钮新建 PROFIBUS 网络,分配 PROFIBUS 站地址,本例设为 3 号站。单击 Properties... 按钮组态网络属性,选择"Network Setting"选项卡进行网络参数设置,如波特率、行规。本例波特率为 1.5 Mbps,行规为 DP,如图 11.13 所示。

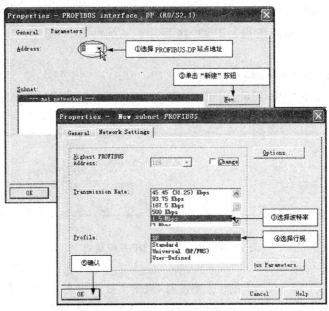

图 11.13　组态从站网络属性

(3)DP 模式选择。选中新建立的 PROFIBUS 网络,然后单击 Properties... 按钮进入 DP 属性对话框,如图 11.14 所示。选择"Operating Mode"选项卡,激活"DP slave"操作模式。如果"Test,commissioning,routing"选项被激活,则意味着这个接口既可以作为 DP 从站,同时还可以通过这个接口监控程序。也可以用 STEP7 F1 帮助功能查看详细信息。

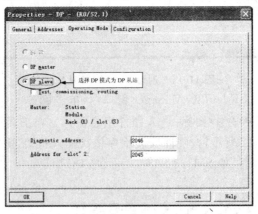

图 11.14　设置 DP 模式

(4)定义从站通信接口区。在 DP 属性设置对话框中,选择"Configuration"选项卡,打开 I/O 通信接口区属性设置窗口,单击 New... 按钮新建一行通信接口区,如图

11.15 所示,可以看到当前组态模式为主—从(Master—slave configuration)。注意此时只能对本地(从站)进行通信数据区的配置。

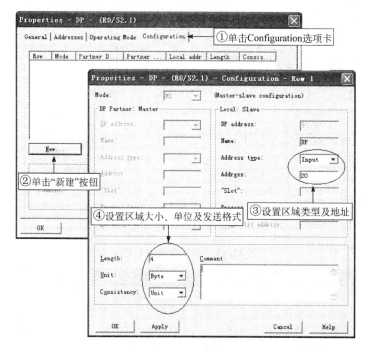

图 11.15 通信接口区设置

* 在"Address type"区域选择通信数据操作类型,"Input"对应输入映像区(I),"Output"对应输出映像区(Q)。
* 在"Address"区域设置通信数据区的起地址,本例设置为"20"。
* 在"Length"区域设置通信区域的大小,最多 32 字节,本例设置为 4。
* 在"Unit"区域选择是按字节(Byte)还是按字(word)来通信,本例选择"Byte"。
* 在"Consistency"选择"Unit",则按在"Unit"区域中定义的数据格式发送,即按字节或字发送;选择"All"则打包发送,每包最多 32 字节,通信数据大于 4 个字节时,应用 SFC14,SFC15。

设置完成后单击 Apply 按钮确认。同样可根据实际通信数据建立若干行,但最大不能超过 244 字节。本例分别创建一个输入区和一个输出区,长度为 4 字节,设置完成后可在"Configuration"选项卡中看到这两个通信接口区,如图 11.16 所示。

3. 组态主站

完成从站组态后,就可以对主站进行组态,基本过程与从站相同。在完成基本硬件组态后还需对 DP 接口参数进行设置,本例中将主站地址设为 2,并选择与从站相同的 PROFIBUS 网络"PROFIBUS(1)"。波特率以及行规与从站应设置相同(1.5 Mbps,DP)。然后在 DP 属性设置对话框中,切换到"Operating Mode"选项卡,选择"DP Master"操作模式,如图 11.17 所示。

4. 连接从站

在硬件组态(HW Config)窗口中打开硬件目录,在"PROFIBUS DP"下选择

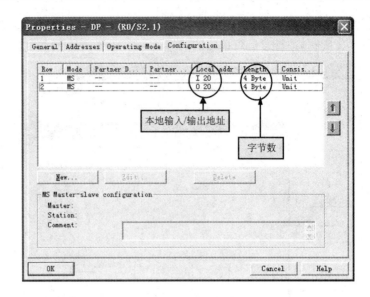

图 11.16　从站通信接口区

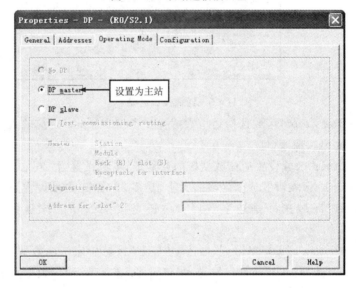

图 11.17　设置主站 DP 模式

"Configured Stations"文件夹,将 CPU 31x 拖曳到主站系统 DP 接口的 PROFIBUS 总线上,这时会同时弹出 DP 从站连接属性对话框,选择所要连接的从站后,单击 Connect 按钮确认,如图 11.18 所示。如果有多个从站存在时,要一一连接。

5. 编辑通信接口区

连接完成后,单击"Configuration"选项卡,设置主站的通信接口区:从站的输出区与主站的输入区相对应,从站的输入区同主站的输出区相对应,如图 11.19 所示。本例分别设置一个 Input 和一个 Output 区,其长度均为 4 个字节。其中,主站的输出区 QB10～QB13 与从站的输入区 IB20～IB23 相对应;主站的输入区 IB10～IB13 与从站的输出区 QB20～QB23 相对应,如图 11.20 所示。

确认上述设置后,在硬件组态(HW Config)窗口中,单击 按钮编译并存盘,编译无误后即完成主从通信组态配置,如图 11.21 所示。

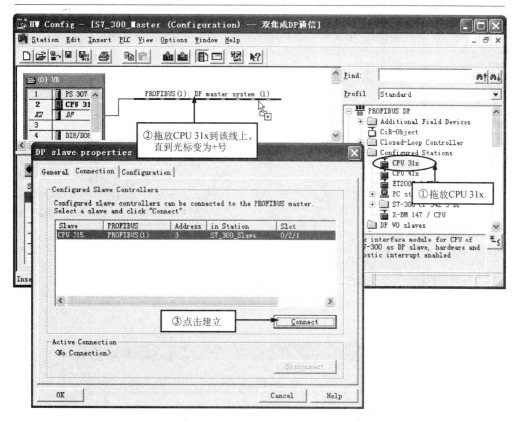

图 11.18　连接 DP 从站

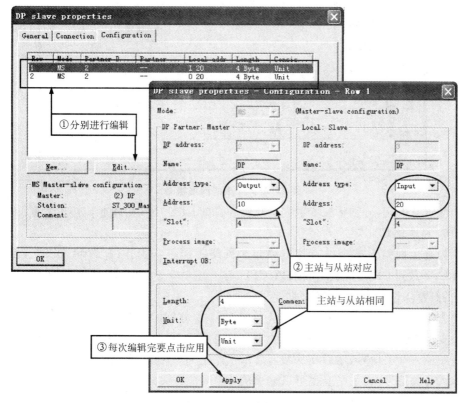

图 11.19　编辑通信接口区

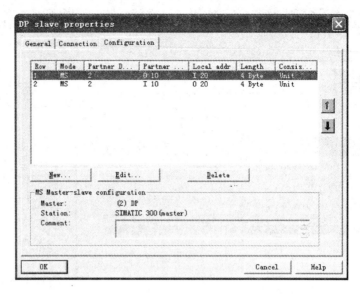

图 11.20　通信数据区

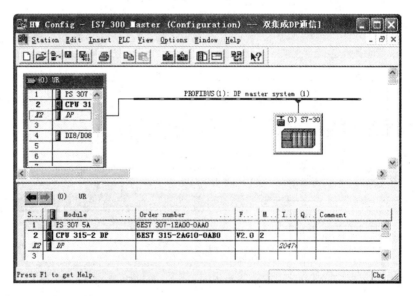

图 11.21　完成的网络组态

配置完以后,分别将配置数据下载到各自的 CPU 中初始化通信接口数据。

6. 简单编程

为避免网络上某个站点掉电使整个网络不能正常工作,建议将 OB82、OB86、OB122 下载到 CPU 中,这样保证在 CPU 有上述中断触发时,CPU 仍可运行。相关 OB 的解释可以参照 STEP7 帮助。

为了调式网络,可以在主站和从站的 OB1 中分别编写读写程序,从对方读取数据。本例通过开关,将主站和从站的仿真模块 SM374 设置为 DI 8/DO 8。这样可以在主站输入开关信号,然后在从站上显示主站上对应输入开关的状态;同样,在从站上输入开关信号,在主站上也可以显示从站上对应开关的状态。

控制操作过程:IB0(从站输入模块)→QB20(从站输出数据区)→IB10(主站输入

数据区)→QB0(主站输出模块);IB0(主站输入模块)→QB10(主站输出数据区)→
IB20(从站输入数据区)→QB0(从站输出模块)。

　　(1)从站的读写程序

　　　　L　IB0　　　//读本地输入,读数据到累加器 1

　　　　T　QB20　　//将累加器 1 中的数据送到从站通信输出映像区

　　　　L　IB20　　//从从站通信输入映像区读数据到累加器 1

　　　　T　QB0　　　//将累加器 1 中的数据送到本地输出端口

　　(2)主站的读写程序

　　　　L　IB0　　　//读本地输入,读数据到累加器 1

　　　　T　QB10　　//将累加器 1 中的数据送到主站通信输出映像区

　　　　L　IB10　　//从主站通信输入映像区读数据到累加器 1

　　　　T　QB0　　　//将累加器 1 中的数据送到本地输出端口

11.2　MPS 系统 PROFIBUS 网络组态及调试

　　MPS 各工作单元相互独立,其控制系统均采用 CPU 313C－2DP 进行控制。为
了实现供料→检测→加工→搬运→分拣完整的工作流程,需要将各种工作单元组合
在一起,并通过握手信号相互交换工作状态等信息。握手信号可以采用 I/O 方式,
也可以采用总线方式来实现,本例要求用 PROFIBUS 总线方式实现相邻单元的数据
交换。

　　由于 5 个工作单元均采用 CPU 313C－2DP 进行控制,因此可以采用基于 PRO-
FIBUS DP 的智能从站主－从通信方式。将供料单元设为主站,其他 4 个工作单元
设为智能从站,主站可直接与各个从站交换数据,智能从站之间则通过主站交换数
据。站点地址及数据区分配如表 11.3 所列。

表 11.3　MPS 系统的 PROFIBUS 主从网络站点地址及数据区分配

本地工作站	本地数据区	远程数据区	远程站
检测站	QB12	IB12	
(从站,地址为 2)	IB12	QB12	
加工站	QB13	IB13	
(从站,地址为 3)	IB13	QB13	供料站
操作手站	QB14	IB14	(主站,地址为 1)
(从站,地址为 4)	IB14	QB14	
分拣站	QB15	IB15	
(从站,地址为 5)	IB15	QB15	

11.2.1　PROFIBUS 网络组态

　　在 SIMATIC Manager 窗口内新建一个空项目文档,并命名为"MPS",然后在该
项目内插入 5 个 SIMATIC 300 Station(即 S7—300 工作站),并分别命名为供料站、
检测站、加工站、操作手站和分拣站。

1. 连接网络

首先在安装 STEP7 软件的计算机上安装 CP5611 通信适配卡,然后用 PROFI-BUS 网线将供料站、检测站、加工站、操作手站和分拣站依次连接起来,并将连接供料站和分拣站的 PROFIBUS 总线插头上的终端电阻开关拨到"ON"位置,将连接检测站、加工站和操作手站的 PROFIBUS 总线插头上的终端电阻开关拨到"OFF"位置,再用 PROFIUBS 电缆从供料站连接到 CP5611 通信适配卡上,并设置 PG/PC 接口为 CP5611(PROFIBUS)方式。

2. 智能从站的硬件及网络组态

打开检测站的硬件组态窗口,按图 11.22 进行硬件组态,然后双击 DI16/DO16 行,在 DI16/DO16 属性窗口的地址页内将模块的输入及输出地址均修改为"0"。

Slot	Module	Order number	F...	MPI address	I address	Q address	Comment
1							
2	CPU 313C-2 DP	6ES7 313-6CE01-0AB0	V2.0	2			
X2	DP				1023*		
2.2	DI16/DO16				0...1	0...1	
2.4	Count				768...783	768...783	

图 11.22　硬件组态信息

双击 DP 行,在 DP 属性窗口内新建一个 PROFIBUS 网络,采用默认网段名 PROFIBUS(1),指定 DP 协议,传输速率为 1.5 Mbps,PROFIBUS 站点地址为 2。然后在 Operating Mode 属性窗口内将该工作站指定为"DP Slave"(也就是从站模式),参照表 11.3 在 Configuration 窗口内按图 11.23 进行通信数据区的配置。

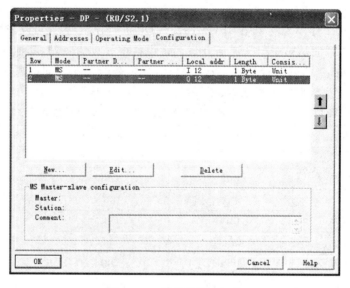

图 11.23　通信数据区配置

按照同样的方法参照表 11.3 对加工站、操作手站和分拣站进行硬件及网络组态。组态完毕进行编译保存,并将组态数据下载到各从站的 PLC。

3. 主站的硬件及网络组态

按照与检测站相同的配置完成供料站的硬件组态,双击 DP 行,在 DP 属性窗口内将供料站设置为"DP Master"(也就是主站模式),站点地址设为 1。打开硬件目录,展开"PROFIBUS DP"→"Configured Stations"子目录,将 CPU 31x 拖曳到连接主站 CPU 集成 DP 接口的 PROFIBUS 总线上,并重复 4 次,分别选择 2~5 号从站,将 4 个从站均连接到主站上。连接以后的系统如图 11.24 所示。

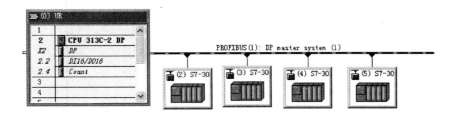

图 11.24　PROFUBUS DP 主从网络系统

单击网络组态工具图标 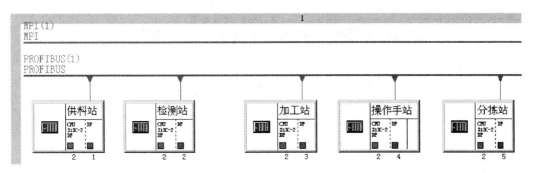,可查看网络系统配置,如图 11.25 所示。

图 11.25　PROFUBUS DP 主从网络结构

在主从网络结构图上依次双击检测站、加工站、操作手站和分拣站,打开各站的属性窗口,然后参照表 11.3 并按图 11.26~图 11.29 完成通信数据区的配置。

组态完毕进行编译保存,并将组态数据下载到主站的 PLC。

图 11.26　检测站数据区配置

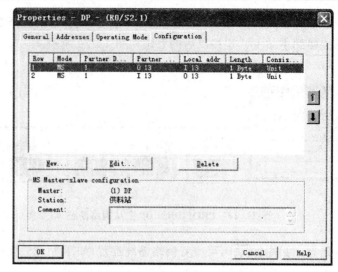

图 11.27　加工站数据区配置

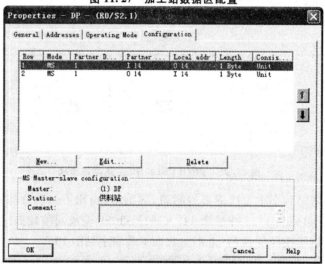

图 11.28　操作手站数据区配置

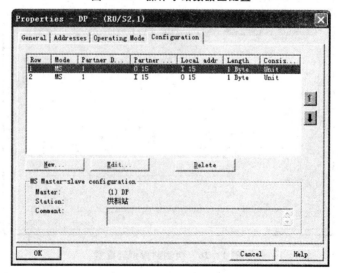

图 11.29　分拣站数据区配置

11.2.2　方案调试

在完成各种工作单元的硬件及网络组态后,需要按 MPS 通信要求分别编写网络测试程序,对网络的通信性能进行测试。在 MPS 系统工作过程中,要求下游站必须将本站的工作状态(忙还是空闲)发送给上游站,上游站根据所收到的状态信号决定是否向下游站传递工件。由于 PROFIBUS DP 主从网络只能在主站与从站之间进行数据传输,为了实现两个从站之间的数据传输,必须经主站完成数据交换。

测试要求:按下游站的启动按钮(I1.0),上游站允许启动指示灯(Q1.0)必须点亮,各站的测试程序在 OB1 中完成。完成后将 OB1、OB82、OB86 及 OB122 分别下载到各工作单元的 PLC 中。

1. 主站(供料站)的测试程序

主站的测试程序要完成两项功能:接收各从站的数据并将数据发送到相应从站的上游站、直接接收检测站的数据并点亮本站的允许启动指示灯(Q1.0),测试程序如图 11.30 所示。各从站之间的数据传递路线如下。

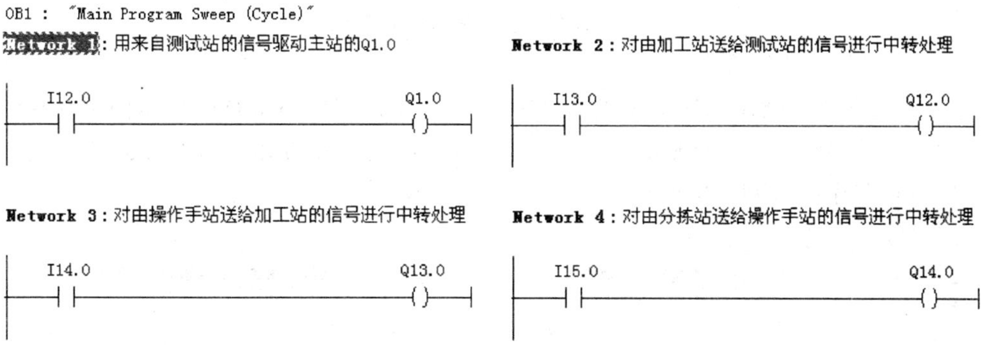

OB1 : ″Main Program Sweep (Cycle)″
Network 1:用来自测试站的信号驱动主站的Q1.0　　　　Network 2:对由加工站送给测试站的信号进行中转处理

```
    I12.0                        Q1.0           I13.0                        Q12.0
 ───┤ ├───────────────────────( )───        ───┤ ├───────────────────────( )───
```

Network 3:对由操作手站送给加工站的信号进行中转处理　　Network 4:对由分拣站送给操作手站的信号进行中转处理

```
    I14.0                        Q13.0          I15.0                        Q14.0
 ───┤ ├───────────────────────( )───        ───┤ ├───────────────────────( )───
```

图 11.30　主站的测试程序

从检测站的 I1.0 到供料站的 Q1.0 的数据传输:I1.0(检测站)→Q12.0(检测站)→PROFIBUS DP→I12.0(供料站)→Q1.0(供料站);

从加工站的 I1.0 到检测站的 Q1.0 的数据传输:I1.0(加工站)→Q13.0(加工站)→PROFIBUS DP→I13.0(供料站)→Q12.0(供料站)→PROFIBUS DP→I12.0(检测站)→Q1.0(检测站);

从操作手站的 I1.0 到加工站的 Q1.0 的数据传输:I1.0(操作手站)→Q14.0(操作手站)→PROFIBUS DP→I14.0(供料站)→Q13.0(供料站)→PROFIBUS DP→I13.0(加工站)→Q1.0(加工站);

从分拣站的 I1.0 到操作手站的 Q1.0 的数据传输:I1.0(分拣站)→Q15.0(分拣站)→PROFIBUS DP→I15.0(供料站)→Q14.0(供料站)→PROFIBUS DP→I14.0(操作手站)→Q1.0(操作手站)。

2. 检测站的测试程序

检测站的测试程序要完成两项功能:用经主站周转而来自加工站的启动按钮信号点亮本站的允许启动指示灯(Q1.0)、将本站的启动按钮信号(I1.0)发送到主站,测试程序如图 11.31 所示。

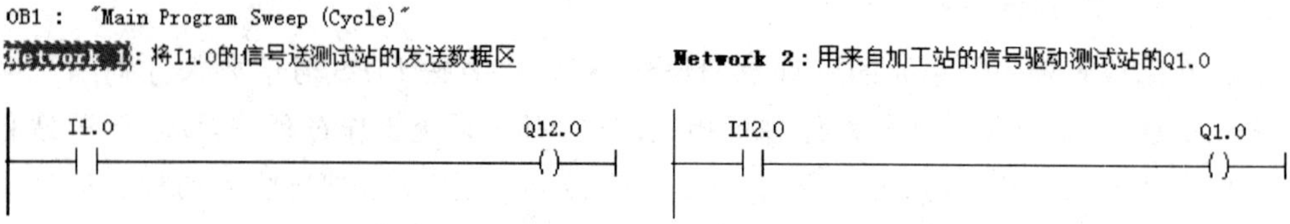

OB1 ： ″Main Program Sweep (Cycle)″
Network 1：将I1.0的信号送测试站的发送数据区　　　　**Network 2**：用来自加工站的信号驱动测试站的Q1.0

```
    I1.0                        Q12.0        I12.0                        Q1.0
 ───┤ ├─────────────────────────( )───    ───┤ ├─────────────────────────( )───
```

图 11.31　检测站的测试程序

3. 加工站的测试程序

加工站的测试程序要完成两项功能：用经主站周转而来自操作手站的启动按钮信号点亮本站的允许启动指示灯（Q1.0）、将本站的启动按钮信号（I1.0）发送到主站，测试程序如图 11.32 所示。

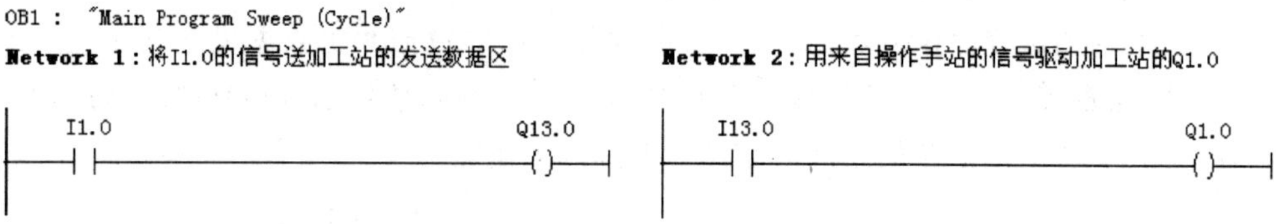

OB1 ： ″Main Program Sweep (Cycle)″
Network 1：将I1.0的信号送加工站的发送数据区　　　　**Network 2**：用来自操作手站的信号驱动加工站的Q1.0

```
    I1.0                        Q13.0        I13.0                        Q1.0
 ───┤ ├─────────────────────────( )───    ───┤ ├─────────────────────────( )───
```

图 11.32　加工站的测试程序

4. 操作手站的测试程序

操作手站的测试程序要完成两项功能：用经主站周转而来自分拣站的启动按钮信号点亮本站的允许启动指示灯（Q1.0）、将本站的启动按钮信号（I1.0）发送到主站，测试程序如图 11.33 所示。

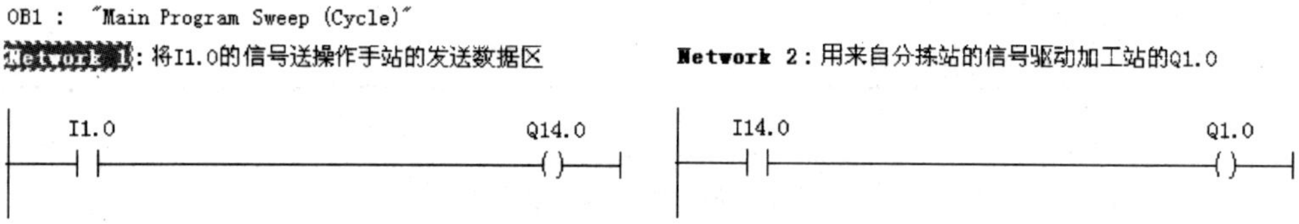

OB1 ： ″Main Program Sweep (Cycle)″
Network 1：将I1.0的信号送操作手站的发送数据区　　　　**Network 2**：用来自分拣站的信号驱动加工站的Q1.0

```
    I1.0                        Q14.0        I14.0                        Q1.0
 ───┤ ├─────────────────────────( )───    ───┤ ├─────────────────────────( )───
```

图 11.33　操作手站的测试程序

5. 分拣站的测试程序

分拣站的测试程序要完成将本站的启动按钮信号（I1.0）发送到主站的数据接收区的功能，测试程序如图 11.34 所示。

OB1 ： ″Main Program Sweep (Cycle)″
Network 1：将I1.0的信号送分拣站的发送数据区

```
    I1.0                        Q14.0
 ───┤ ├─────────────────────────( )───
```

图 11.34　分拣站的测试程序

11.2.3　控制程序设计

1. 工艺流程图

MPS 系统组合实现整体控制，供料单元需增加检测单元是否准备接受工件的信息。检测单元、加工单元、操作手单元不仅需要增加下一工作站是否准备接受工件的信息(即本站空闲信息),还要增加本站是否允许接受工件的信息(即本站忙的信息)。而成品分装分拣单元需增加本站是否允许接受工件的信息。如图 11.35 所示为供料单元修改后的工艺流程图,增加了下一站(检测单元)是否准备接受工件的信息,图中用虚线框表示。

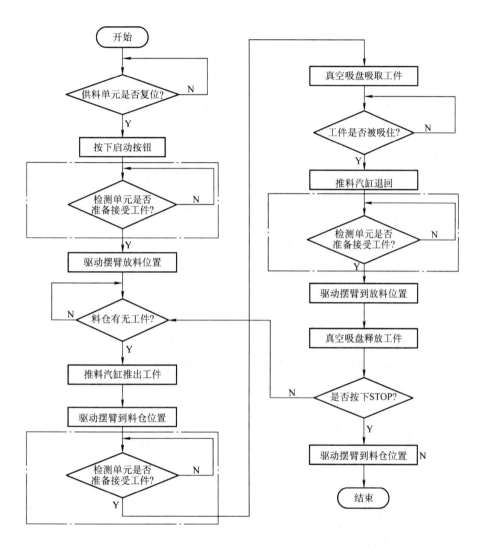

图 11.35　供料单元工艺流程

2. PLC 系统资源分配

MPS 的供料工作单元采用 CPU 313C－2DP 进行控制,不改变 CPU 本体上集成有 16 点的数字量输入及 16 点的数字量输出的硬件组态结果,通信数据区占用实际输入/输出以外的输入及输出映像区,本站选用 IB12～IB15、QB12～QB15 作为通信数据区。

3. 控制程序编写

编写 MPS 整个系统的控制程序时,可在原来编写各工作单元的单独工作的控制程序基础上,增加通信功能子程序,在 OB1 中通过调用相应的子程序来实现工作单元的控制功能。用置位/复位指令编写供料单元控制程序为例,将停止功能、急停功能、通信功能及顺序功能图分别放置在一个功能(FC)子程序中,在 OB1 中通过调用相应的子程序来实现工作单元的控制功能。在此只介绍通信子程序和顺序控制子程序的编写,其他子程序与供料单元单独工作时相同。

1)通信功能子程序 FC14

如供料单元的控制程序,通信功能子程序 FC14,主要完成:将来自从站的站忙信号(I13.2、I14.3、I15.4)转发到对应的上游站,控制程序如图 11.36 所示。

FC14 : Profubus dp通信数据处理

Network 1:由加工站送给测试站的站忙信号（中转处理）

```
      I13.2                                    Q12.2
  ─────┤ ├──────────┤ NOT ├────────────────────( )───
```

Network 2:由操作手站送给加工站的站忙信号（中转处理）

```
      I14.3                                    Q13.3
  ─────┤ ├──────────┤ NOT ├────────────────────( )───
```

Network 3:由分拣站送给操作手站的站忙信号（中转处理）

```
      I15.4                                    Q14.4
  ─────┤ ├──────────┤ NOT ├────────────────────( )───
```

图 11.36　通信功能子程序 FC14

2)顺序功能子程序 FC13

顺序功能子程序 FC13 主要完成对该工作单元的顺序控制,控制程序如图 11.37 所示。

FC13 : 供料站顺控程序

Network 1: 初始化

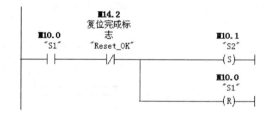

Network 2:由Step1→Step2（Step1的选择分支1）

Network 3:允许复位指示灯

Network 4:由Step2→Step3

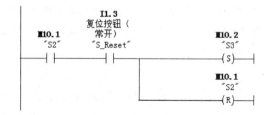

Network 5：初始化

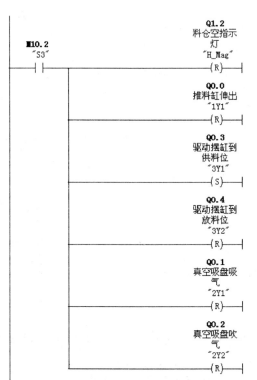

Network 6：由Step3→Step4

Network 7：复位完成标志

Network 8：由Step4→Step5（Step1的选择分支1汇合）

Network 9：由Step1→Step5（Step1的选择分支2直接汇合）

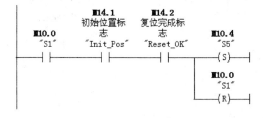

Network 10：由Step5→Step6（Step5的选择分支1）

Network 12：由Step6→Step7（Step5的选择分支1汇合）

Network 11：允许起动指示灯

Network 13：由Step5→Step17（Step5的选择分支2直接汇合）

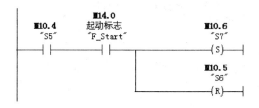

Network 14：由Step7→Step8

Network 15：驱动摆缸到放料位

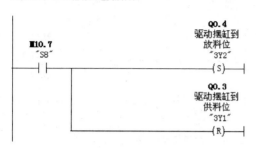

Network 16：由Step8→Step9

Network 17：由Step9→Step10（Step9的选择分支1）

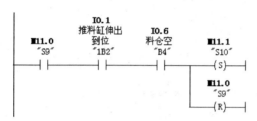

Network 18：料仓空指示灯

Network 19：由Step10→Step11（Step9的选择分支1汇合）

Network 20：由Step9→Step11（Step9的选择分支2直接汇合）

Network 21：推料缸伸出

Network 22：由Step11→Step12

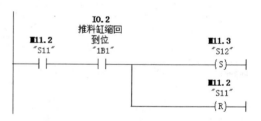

Network 23：驱动摆缸到供料位

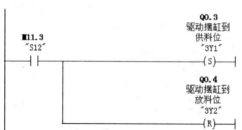

Network 24：由Step12→Step13

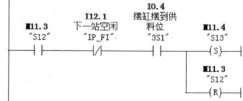

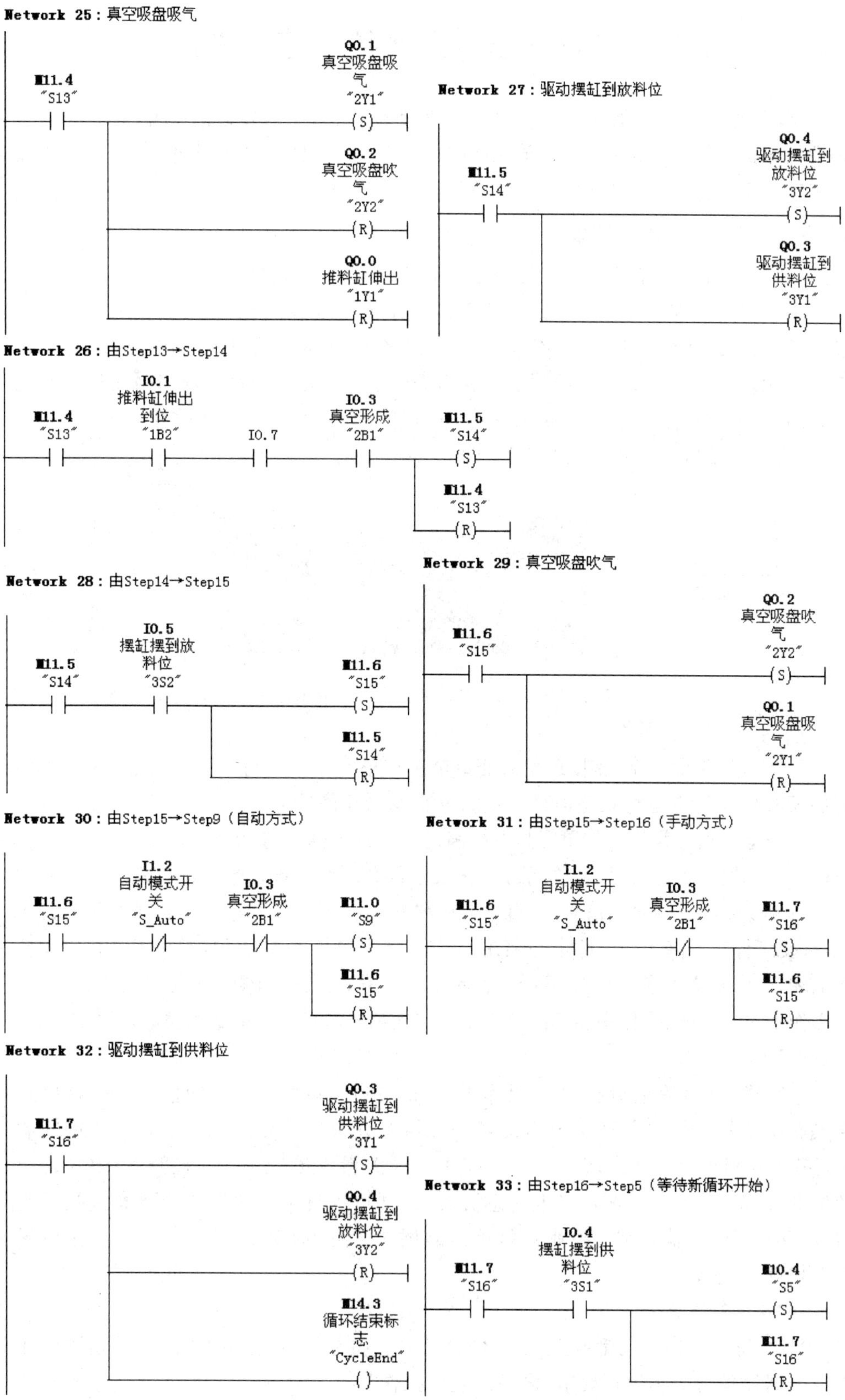

Network 25: 真空吸盘吸气

```
  I11.4                              Q0.1
  "S13"                            真空吸盘吸
   ┤├─┬─                              气
       │                            "2Y1"
       │                            ─(S)─
       │                              Q0.2
       │                            真空吸盘吹
       │                              气
       │                            "2Y2"
       │                            ─(R)─
       │                              Q0.0
       │                            推料缸伸出
       └─                          "1Y1"
                                    ─(R)─
```

Network 27: 驱动摆缸到放料位

```
  I11.5                              Q0.4
  "S14"                            驱动摆缸到
   ┤├─┬─                          放料位
       │                            "3Y2"
       │                            ─(S)─
       │                              Q0.3
       │                            驱动摆缸到
       └─                          供料位
                                    "3Y1"
                                    ─(R)─
```

Network 26: 由Step13→Step14

```
  I11.4    I0.1              I0.3      I11.5
  "S13"  推料缸伸出           真空形成    "S14"
         到位      I0.7      "2B1"     ─(S)─
   ┤├─────┤├──┤├───┤├───────┤├──┬─
          "1B2"                    │
                                   │    I11.4
                                   │    "S13"
                                   └─  ─(R)─
```

Network 28: 由Step14→Step15

```
  I11.5    I0.5              I11.6
  "S14"  摆缸摆到放          "S15"
         料位               ─(S)─
   ┤├─────┤├──┬─
          "3S2"             │    I11.5
                            │    "S14"
                            └─  ─(R)─
```

Network 29: 真空吸盘吹气

```
  I11.6                              Q0.2
  "S15"                            真空吸盘吹
   ┤├─┬─                              气
       │                            "2Y2"
       │                            ─(S)─
       │                              Q0.1
       │                            真空吸盘吸
       └─                          气
                                    "2Y1"
                                    ─(R)─
```

Network 30: 由Step15→Step9（自动方式）

```
  I11.6    I1.2     I0.3      I11.0
  "S15"  自动模式开  真空形成    "S9"
   ┤├─────┤/├──┤/├──┬─ ─(S)─
         "S_Auto" "2B1"  │
                         │    I11.6
                         │    "S15"
                         └─  ─(R)─
```

Network 31: 由Step15→Step16（手动方式）

```
  I11.6    I1.2     I0.3      I11.7
  "S15"  自动模式开  真空形成    "S16"
   ┤├─────┤├───┤/├──┬─ ─(S)─
         "S_Auto" "2B1"  │
                         │    I11.6
                         │    "S15"
                         └─  ─(R)─
```

Network 32: 驱动摆缸到供料位

```
  I11.7                              Q0.3
  "S16"                            驱动摆缸到
   ┤├─┬─                          供料位
       │                            "3Y1"
       │                            ─(S)─
       │                              Q0.4
       │                            驱动摆缸到
       │                            放料位
       │                            "3Y2"
       │                            ─(R)─
       │                              M14.3
       │                            循环结束标
       └─                          志
                                    "CycleEnd"
                                    ─(R)─
```

Network 33: 由Step16→Step5（等待新循环开始）

```
  I11.7    I0.4              M10.4
  "S16"  摆缸摆到供          "S5"
         料位               ─(S)─
   ┤├─────┤├──┬─
          "3S1"             │    I11.7
                            │    "S16"
                            └─  ─(R)─
```

图 11.37　供料单元顺序控制子程序

11.3 MPS 系统 I/O 接口方式控制程序设计

MPS 的 5 个工作单元利用 I/O 接口实现组合控制,需要做两个方面的工作,一是硬件方面,需要设计用于 5 个单元之间的通信 I/O 接口;二是软件方面,需要修改和完善 5 个单元的控制程序。

11.3.1 I/O 接口通信设计

5 个工作单元组合运行时,每一个工作单元都不再是独立的,它们彼此受到约束。工作单元的加工工件能否向下一工作单元传输,取决于下一个工作单元是否已经准备好。在 MPS 工作单元之间,这个已准备好的"OK"信号由光电传感器接收,工作单元之间依次完成简单的通信。在 MPS 每一个工作单元靠近控制面板一侧的左右两端,各有一个光电传感器,如图 11.38 所示。一个向前一工作单元发出"OK"信号,另一个接收下一单元的"OK"信号。

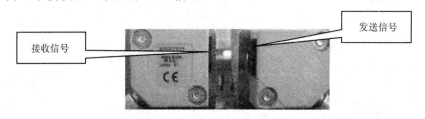

接收信号　　　　　　　　　　　　　发送信号

图 11.38　MPS 工作单元之间的简单通信

1. 传递的基本信息

5 个工作单元组合控制,必须保证每个工作单元正常运行和安全可靠,这就需要它们相互传递设备运行状态信号,启动、停止及急停信号。

设备运行信号是指工作单元是否已满足接受或发送工件的条件。如供料单元,在向检测单元发送工件时,检测单元的升降工作台必须处于最下端,否则,检测单元要向供料单元发送一个"站忙"信号,供料单元则停止向检测单元发送工件。对检测单元来说,接受工件时升降工作台除了必须在最下端,上升时供料单元的摆臂也不能在工作台的上端,否则安全光栅被遮挡,升降工作台不能上升。同样,检测和加工单元之间、加工和操作手单元之间、操作手和成品分拣单元之间都要满足工件接受和发送条件。

2. I/O 通信接口

5 个工作单元在组合控制时,需要相互提供接受和发送工件的信息。供料单元需要有 1 个开关量输入信号,成品分拣单元需要有 1 个开关量输出信号,位于中间的 3 个单元分别有 1 个开关量输入信号和 1 个开关量输出信号。如检测单元(PLC2)产生的"站忙"输出信号驱动光电传感器发出信号;供料单元的光电传感器接收到此信号,通过 PLC1 输入端口控制供料单元的供料。图 11.39 表示出了 5 个工作单元的 I/O 接口连接情况。

3. 信号工作顺序

MPS 每一工作单元都设置有启动按钮、停止按钮、复位按钮及自动/手动转换开关。根据设备的实际运行要求,设备的复位操作是有一定顺序的,应按照逆序规律进行复位,即按成品分拣单元→操作手单元→加工单元→检测单元→供料单元的顺序

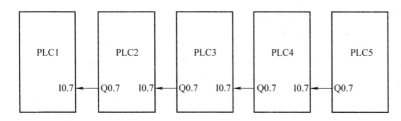

图 11.39　通信 I/O 接口示意

进行复位。启动操作应按顺序规律进行,即按供料单元→检测单元→加工单元→操作手单元→成品分拣单元的顺序进行启动。各单元的启动和复位采用的是分别控制的方式,每一工作单元只控制本单元的启动和复位。

11.3.2　MPS 系统组态

　　前面介绍的 MPS 系统采用 PROFIBUS 总线方式实现相邻单元的数据交换,本例要求用 I/O 方式实现相邻单元的数据交换。5 个工作单元仍然采用 CPU 313C—2DP 进行控制,仅用基于 PROFIBUS 总线的编程设备 PG/PC 与 PLC 之间的数据传输。将编程设备 PG/PC 地址设为 0,供料单元地址设为 2,其他 4 个工作单元地址依次为 3、4、5、6,编程设备 PG/PC 与各个工作单元进行数据传输,每个工作单元之间不进行数据交换。

　　在 SIMATIC Manager 窗口内新建一个空项目文档,并命名为"MPS",然后在该项目内插入 5 个 SIMATIC 300 Station(即 S7—300 工作站),并分别命名为供料站、检测站、加工站、操作手站和分拣站。网络连接方法和前面相同。

　　打开供料单元的硬件组态窗口,按图 11.22 所示将 DI16/DO16 的输入及输出地址均修改为"0"。双击 CPU313C—2 DP 行,如图 11.40 所示,在 CPU 属性窗口内新建一个 MPI 网络,MPI 的站点地址为 2。Network 选择"Yes"。

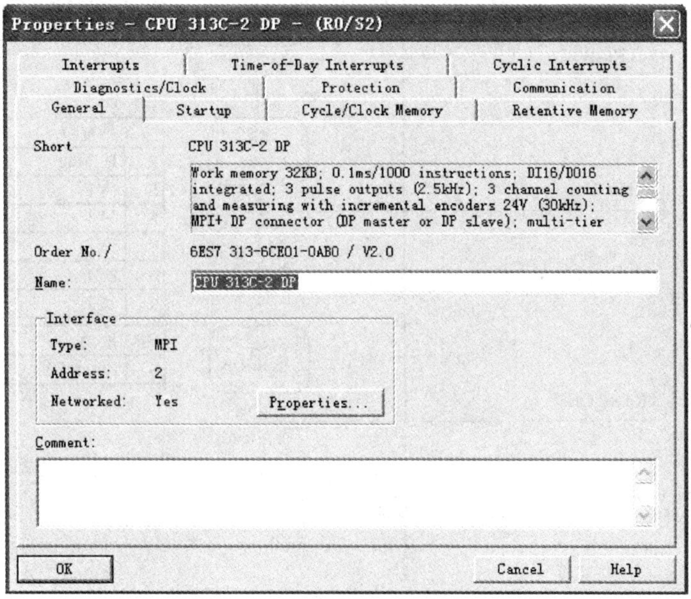

图 11.40　CPU 参数设置

　　按照同样的方法对加工站、操作手站和分拣站进行硬件及网络组态。组态完毕进行编译保存,并将组态数据下载到各从站的 PLC。

　　单击网络组态工具图标🖧,可查看网络系统配置情况,如图 11.41 所示。

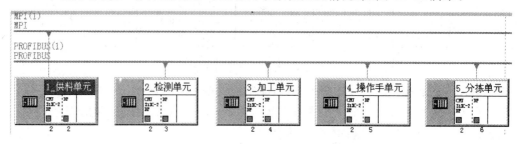

图 11.41　MPS 系统 MPI 网络配置

11.3.3　控制程序设计

　　以供料单元为例,在原 CPU 输入和输出硬件组态基础上,增加 1 个数字量输入信号,地址为 I0.7,符号定义为"IP_FI",用于接受检测单元发出的"站忙信号"。当"IP_FI"信号为"1"时,表示下游站(检测单元)空闲,允许摆动汽缸摆到下游站,可以输送工件。参照图 11.35 供料单元的工艺流程图,用 GRAPH 语言编写供料单元控制程序,将停止功能、急停功能、顺序功能图分别放置在一个功能(FC)和功能块(FB)子程序中,在 OB1 中通过调用相应的子程序来实现工作单元的控制功能。在此只介绍顺序控制子程序,如图 11.42 所示,其他子程序与供料单元单独工作相同。

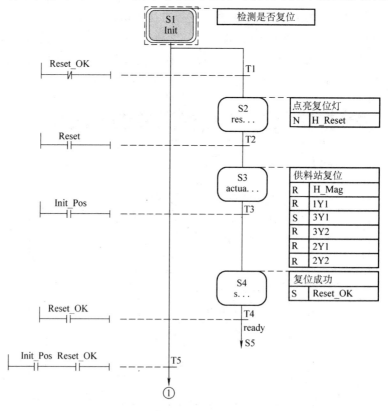

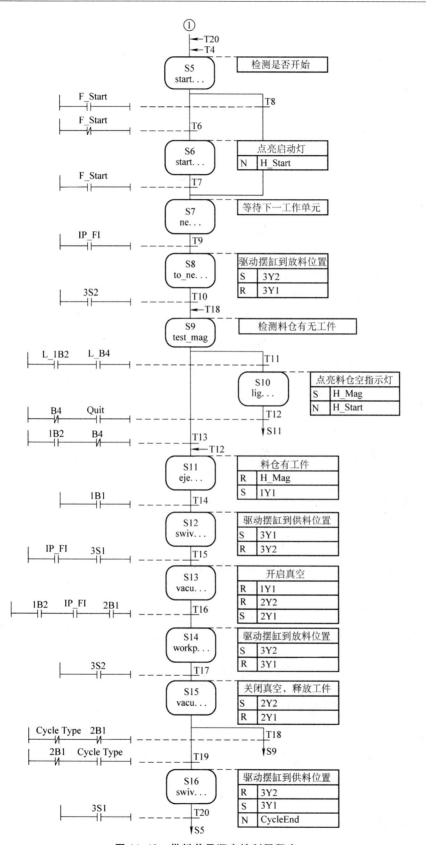

图 11.42　供料单元顺序控制子程序

技 能 训 练 46

任务　设计供料和检测单元组合控制程序

任务要求

(1)成品分装单元能够根据控制任务和对象设计程序。

(2)进一步熟悉 STEP 7 软件包的操作,掌握程序编辑器的使用。

(3)掌握程序调试的方法。

(4)培养严谨踏实的工作作风,分析、解决问题及与他人合作的能力。

做什么

(1)新建供料与检测单元组合 PLC 控制程序项目。将原来的供料和检测单元的 S7—300 PLC 站拷贝到新建项目中。

(2)修改检测单元工艺流程。

(3)修改供料和检测单元组合控制程序流程图。

(4)修改供料和检测单元组合控制程序。

(5)程序调试。将修改后的程序先进行仿真调试,程序调试无误后,再下载到 CPU 中进行实际运行调试。经过调试修改以后,最终完善控制程序,实现控制功能。

结果

(1)创建新项目。

(2)供料与检测单元组合控制程序。

(3)问题分析。

方法与建议

(1)调试程序时,避免执行机构之间发生冲突。

(2)程序调试时可以控制功能分段进行,然后再调试整个程序。

(3)只有经过仿真调试后且没有错误的程序,才可以进行实际运行调试。

(4)在调试程序时,可以利用 STEP 7 软件所带的调试工具,通过监视程序的运行状态并结合观察到的执行机构的动作特征,来分析程序存在的问题。

(5)总结在程序调试过程中出现的问题及解决的方法。

技 能 训 练 47

任务　设计供料和成品分装单元组合控制程序

功能

供料单元利用真空吸盘吸起工件并将其放置到成品分装单元的传送带上,根据工件的颜色和材质,通过气动分支将工件分拣到 3 根滑槽中。

任务要求

同技能训练 46 的任务要求。

做什么

　　(1)新建供料与成品分装单元组合 PLC 控制程序项目。将原来的供料和成品分装单元的 S7—300 PLC 站拷贝到新建项目中。

　　(2)供料单元的旋转汽缸转角调整。由于工件从供料单元传送到成品分装单元的传送带上,摆臂到达传送带的转角发生变化,需要程序调整旋转汽缸的转角。

　　(3)修改成品分装单元的工艺流程。

　　(4)修改供料和成品分装单元组合控制程序流程图。

　　(5)修改供料和成品分装单元组合控制程序。

　　(6)程序调试。将修改后的程序先进行仿真调试,仿真调试的程序无误后,再下载到 CPU 中进行实际运行调试。经过调试修改以后,最终完善控制程序,实现控制功能。

结果

　　(1)创建新项目。

　　(2)供料与成品分装单元组合控制程序。

　　(3)问题分析。

方法与建议

　　同技能训练 46 的内容。

技 能 训 练 48

任务　设计供料、检测和加工单元组合控制程序

任务要求

　　同技能训练 46 的任务要求。

做什么

　　(1)新建 3 个单元组合 PLC 控制程序项目。将原来的供料、检测和加工单元的 S7—300 PLC 站拷贝到新建项目中。

　　(2)修改检测和加工单元工艺流程。

　　(3)修改检测和加工单元组合控制程序流程图。

　　(4)修改供料、检测和加工单元组合控制程序。

　　(5)程序调试。将修改后的程序先进行仿真调试,仿真调试的程序无误后,再下载到 CPU 中进行实际运行调试。经过调试修改以后,最终完善控制程序,实现控制功能。

结果

　　(1)创建新项目。

　　(2)供料、检测和加工 3 个单元组合控制程序。

　　(3)问题分析。

方法与建议

　　同技能训练 46 的内容。

技 能 训 练 49

任务　设计供料、检测和成品分装单元组合控制程序

任务要求

同技能训练 46 的任务要求。

做什么

(1)新建 3 个单元组合 PLC 控制程序项目。将原来的供料、检测和成品分装单元的 S7—300 PLC 站拷贝到新建项目中。

(2)修改检测和成品分装单元工艺流程。

(3)修改检测和成品分装单元组合控制程序流程图。

(4)修改供料、检测和成品分装单元组合控制程序。

(5)程序调试。将修改后的程序先进行仿真调试,仿真调试的程序无误后,再下载到 CPU 中进行实际运行调试。经过调试修改以后,最终完善控制程序,实现控制功能。

结果

(1)创建新项目。

(2)供料、检测和分拣 3 个单元组合控制程序。

(3)问题分析。

方法与建议

同技能训练 46 的内容。

技 能 训 练 50

任务　设计供料、检测、加工和成品分装单元组合控制程序

任务要求

同技能训练 46 的任务要求。

做什么

(1)新建 4 个单元组合 PLC 控制程序项目。将原来的供料、检测和加工单元的 S7—300 PLC 站拷贝到新建项目中。

(2)4 个工作单元组合后 PLC I/O 端口设计。根据前面的介绍和练习,将 4 个工作单元 I/O 接口进行设计和地址分配。

(3)修改加工和操作手单元工艺流程。

(3)修改 4 个单元组合控制程序流程图。

(4)修改 4 个单元组合控制程序。

(5)程序调试。将修改后的程序先进行仿真调试,仿真调试的程序无误后,再下载到 CPU 中进行实际运行调试。经过调试修改以后,最终完善控制程序,实现控制功能。

结果

(1)创建新项目。

(2)4 个单元组合控制程序。

(3)问题分析。

方法与建议

同技能训练 46 的内容。

技 能 训 练 51

任务　设计 MPS 5 个工作组合控制程序

任务要求

　　同技能训练 46 的任务要求。

做什么

　　(1)新建 5 个单元组合 PLC 控制程序项目。将原来的 5 个工作单元的 S7—300 PLC 站拷贝到新建项目中。

　　(2)5 个工作单元组合后 PLC I/O 端口设计。根据前面的介绍和练习,将 5 个工作单元 I/O 接口进行设计和地址分配。

　　(3)修改操作手和成品分装单元工艺流程。

　　(4)修改 5 个单元组合控制程序流程图。

　　(5)修改 5 个单元组合控制程序。

　　(6)程序调试。将修改后的程序先进行仿真调试,仿真调试的程序无误后,再下载到 CPU 中进行实际运行调试。经过调试修改以后,最终完善控制程序,实现控制功能。

结果

　　(1)创建新项目。

　　(2)5 个单元组合控制程序。

　　(3)问题分析。

方法与建议

　　同技能训练 46 的内容。

附　　录

附录 1　常用气动元件图形符号

类别	名称	符号	名称	符号
气源及辅助元件	气源		气接口	
	二联件		气管路	
	消声器		T 型接头	
执行元件	单作用外力复位汽缸		单作用弹簧复位汽缸	
	双作用单活塞杆汽缸		双作用双活塞杆汽缸	
	多位汽缸		磁耦合无杆汽缸	
	摆动汽缸		真空发生器	
	气马达		吸盘	
测量元件	压力表			

类别	名称	符号	名称	符号
开关元件	单向阀		梭阀	
	双压阀		快速排气阀	
	单向节流阀		节流阀	
	带压力表减压阀			
换向阀	二位二通阀		二位三通阀	
	二位四通阀		二位五通阀	
	三位五通阀（中位封闭）		三位五通阀（中位卸压）	
	三位五通阀（中位加压）			
控制方式	一般手动式		手动按钮式	
	手柄式		脚踏式	
	弹簧复位式		滚轮杆式	
	惰轮式		先导式	
	直动式		双电控式	
	单电控式		带手动开关先导式双电控	

附录 2　STEP7 LAD/FBD 编程语言常用指令

类别	名称	LAD	FBD
位逻辑指令	与（常开）	（地址） —┤├—	&
	与（常闭）	（地址） —┤/├—	& (−0)
	或	（地址） —┤├— （地址） —┤├—	>= 1
	输出	（地址） —( )—	（地址） =
	中线输出	（地址） —(#)—	（地址） #
	信号流取反	—┤NOT├—	—┤NOT├—
	置位	（地址） —(S)—	（地址） S
	复位	（地址） —(R)—	（地址） R
	触发器置位/复位	（地址） SR S R　Q	（地址） SR S R　Q
	触发器复位/置位	（地址） RS R S　Q	（地址） RS R S　Q
	RLO 上升沿检测	（地址） —(P)—	（地址） P
	RLO 下降沿检测	（地址） —(N)—	（地址） N
	信号上升沿检测	（地址） POS　Q M_BIT	POS M_BIT　Q
	信号下降沿检测	（地址） NEG　Q M_BIT	NEG M_BIT　Q

类别	名称	LAD	FBD
定时器指令	脉冲定时器	Tno. S_PULSE S　　Q TV　BI R　　BCD	Tno. S_PULSE S　　BI TV　BCD R　　Q
	扩展脉冲定时器	Tno. S_PEXT S　　Q TV　BI R　　BCD	Tno. S_PEXT S　　BI TV　BCD R　　Q
	接通延时定时器	Tno. S_DOT S　　Q TV　BI R　　BCD	Tno. S_DOT S　　BI TV　BCD R　　Q
	保持型接通延时定时器	Tno. S_ODTS S　　Q TV　BI R　　BCD	Tno. S_ODTS S　　BI TV　BCD R　　Q
	断开延时定时器	Tno. S_OFFDT S　　Q TV　BI R　　BCD	Tno. S_OFFDT S　　BI TV　BCD R　　Q
计数器指令	加一减计数器	Cno. S_CUD CU　　Q CD　　CV S　　CV_BCD PV R	Cno. S_CUD CU CD S　　CV PV　CV_BCD R　　Q

类别	名称	LAD	FBD
计数器指令	加计数器	Cno. S_CU CU　　Q S　　CV PV　CV_BCD R	Cno. S_CU CU S　　CV PV　CV_BCD R　　Q
	减计数器	Cno. S_CD CD　　Q S　　CV PV　CV_BCD R	Cno. S_CD CD S　　CV PV　CV_BCD R　　Q
传送指令	变量赋值	MOVE EN　　ENO IN　　OUT	MOVE EN　　OUT IN　　ENO
比较指令	整数比较	CMP==1 IN1 IN2	CMP==1 IN1 IN2
	双整数比较	CMP==D IN1 IN2	CMP==D IN1 IN2
	实数比较	CMP==R IN1 IN2	CMP==R IN1 IN2

==——IN1 等于 IN2;　　　<>——IN1 不等于 IN2;
>——IN1 大于 IN2;　　　<——IN1 小于 IN2;
>=——IN1 大于等于 IN;2　　<=——IN1 小于等于 IN2

参 考 文 献

[1] 左健民. 液压与气动技术[M]. 北京:机械工业出版社,2006.

[2] 许菁. 液压与气动技术[M]. 北京:机械工业出版社,2005.

[3] 赵波. 液压与气动技术[M]. 北京:机械工业出版社,2005.

[4] 刘新德. 袖珍液压气动手册(第2版)[M]. 北京:机械工业出版社,2004.

[5] SMC(中国)有限公司. 现代实用气动技术(第2版)[M]. 北京:机械工业出版社,2003.

[6] 刘延俊. 液压与气压传动[M]. 北京:高等教育出版社,2007.

[7] 姜继海. 液压与气压传动网络课程[M]. 北京:高等教育出版社,2003.

[8] 徐永生. 液压与气动(第2版)[M]. 北京:高等教育出版社,2007.

[9] 孙宝元. 传感器及其应用手册[M]. 北京:机械工业出版社,2004.

[10] 王煜东. 传感器及应用(第2版)[M]. 北京:机械工业出版社,2008.

[11] 于彤. 传感器原理及应用(项目式教学)[M]. 北京:机械工业出版社,2007.

[12] 王庆有. 光电传感器应用技术[M]. 北京:机械工业出版社,2007.

[13] 王俊峰,孟令启. 现代传感器应用技术[M]. 北京:机械工业出版社,2006.

[14] 朱自勤. 传感器与检测技术[M]. 北京:机械工业出版社,2005.

[15] 梁景凯,盖玉先. 机电一体化技术与系统(第2版)[M]. 北京:机械工业出版社,2006.

[16] 魏社,高学山. 机电一体化系统设计[M]. 北京:机械工业出版社,2007.

[17] 张立勋. 机电一体化系统设计[M]. 北京:高等教育出版社,2007.

[18] 张建民. 机电一体化系统设计(第3版)[M]. 北京:高等教育出版社,2007.

[19] 陈瑞阳. 机电一体化控制技术[M]. 北京:高等教育出版社,2004.

[20] 王长春. 机电一体化综合实践指导[M]. 北京:高等教育出版社,2004.

[21] 胡健. 西门子 S7—300 PLC 应用教程[M]. 北京:机械工业出版社,2007.

[22] 廖常初. 大中型 PLC 应用教程[M]. 北京:机械工业出版社,2006.

[23] 吴卫荣. 传感器与 PLC 技术[M]. 北京:中国轻工业出版社,2006.

[24] 王永华. 现代电气控制及 PLC 应用技术[M]. 北京:北京航空航天大学出版社,2007.

[25] 秦益霖. 西门子 S7—300 应用技术[M]. 北京:电子工业出版社,2007.

[26] 秦益霖. 西门子 S7—300 应用技术[M]. 北京:电子工业出版社,2007.

[27] 刘增辉. 模块化生产加工系统应用技术[M]. 北京:电子工业出版社,2005.